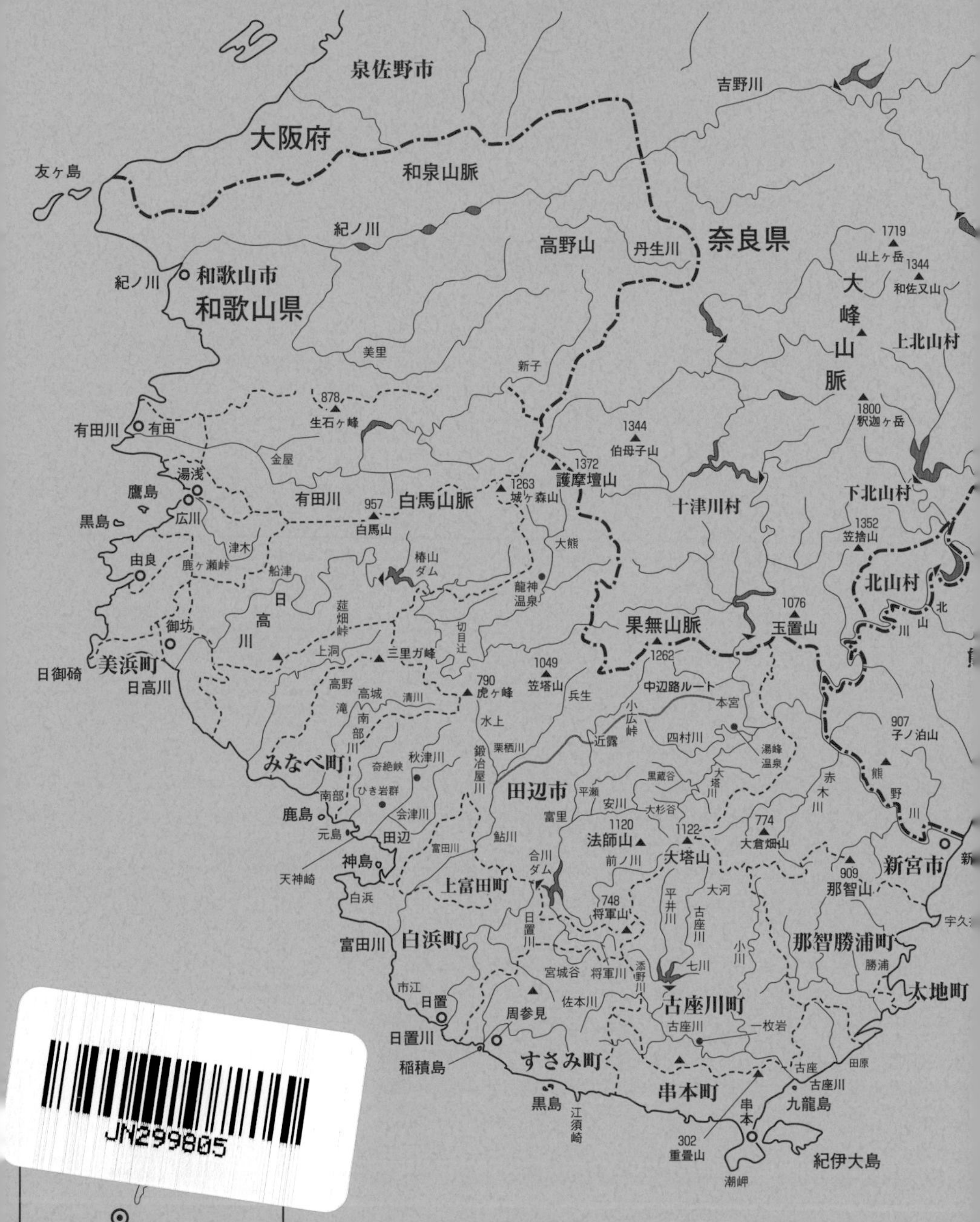

出典：熊野の森ネットワークいちいがしの会編／吉田元重・玉井済夫監修『明日なき森 カメムシ先生が熊野で語る（後藤伸講演録）』（新評論、2008 年）より転載（一部改変）

熊楠《くまぐす》の森――神島《かしま》

後藤　伸
玉井済夫
中瀬喜陽

農文協

熊楠《くまぐす》の森——神島《かしま》

◉後藤伸・玉井済夫・中瀬喜陽

神島全景。手前が「おやま」、奥が「こやま」（2002 年 12 月）
〈紀伊民報提供〉

熊楠、最後の闘い

神島歌碑建立記念写真。左から熊楠、和歌山県知事の友部泉蔵、牟婁《むろ》新報社主の毛利清雅《もうりせいが》、新庄村長（当時）の田上次郎吉（1930 年 6 月 1 日）〈南方熊楠顕彰館所蔵〉

フロックコート姿の南方熊楠。昭和天皇への神島の御進講の翌日撮影された記念写真（1929 年 6 月 2 日）〈南方熊楠顕彰館所蔵〉

国の天然記念物指定に向けて神島調査中の熊楠と同行の人々（1934 年 11 月 5 日）〈南方熊楠顕彰館所蔵〉

神島を代表する植物たち

淡黄色の花をつけ、「おやま」の斜面を覆うハカマカズラ。亜熱帯性のツル植物で、古くから珍重された（1995年8月13日）

ハカマカズラの葉は先端が切れ込んだ独特の形状。6月、新しいツルを伸ばす

実をつけたタブノキ（串本町の大島、1999年）

タブノキは神島を代表する高木。「おやま」の海岸近くにあった胸高直径65cmのもの。1998年の台風9807号で倒れた（1997年3月12日）

まだら模様の赤い樹皮が目立つバクチノキ。このような森林状態は珍しい。手前のツル植物はハカマカズラ（「おやま」、1999年2月15日）

秋、バクチノキは純白の花をあふれるように枝先に咲かせる

5、6月に紫色の花を咲かせるセンダン。熊楠が死の間際、天井に見た花として知られる（神島、1999年5月）

厳重な保護にもかかわらず多くのタブノキが枯れ、そのあと急増したホルトノキ
（「おやま」、1997年11月）

はじめに

私の夫で本書の主著者である後藤伸は、子どものころから生物に強い好奇心を持ち、戦時下の少年時代は昆虫採集に明け暮れました。当時の彼の夢は台湾などに住んで南の美しい蝶を採集することでしたが、終戦でその夢を果たすことが困難となりました。和歌山県日高郡由良村（現由良町）で生まれ育ち、フィールドは生石山《おいし》が中心でしたが、学生時代には高野山や護摩壇山《ごまだん》に通い、指導してくださる先生にも恵まれて、対象は昆虫だけでなく、貝類をはじめ他の動物群、植物にも関心が広がっていきました。そして教職に就いてからは、紀南の大塔山《おおとう》系の自然に魅せられて田辺市に住み、その調査と保護活動に没頭しました。こうした彼の足跡は、本県の自然がだんだんに壊されていった経過とも重なっています。

明治以降の日本は、それまでの伝統的な自然観の継承をやめ、自らを育んできた自然を壊し続けてきました。南方熊楠《みなかたくまぐす》の時代の神社合祀はそのひとつと言えるでしょう。後藤が生きた時代は、それでも残っていた奥山の自然が容赦なく破壊された時代でした。貴重な生物相を育んでいた護摩壇山の森はほぼ完全に破壊され、それでも残る自然を探し続けて、ようやく見つけた熊野の森、大塔山系の森林生物相の解明に取り組みました。しかし、その途中、大塔山系も大部分が伐採されてしまいました。

古来、人びとの生活を支え、文化や歴史を生み出した自然への思いを深めながら、そして幾多の非難を受けながらも、彼はわずかに残された自然林の伐採に反対し続けました。こうした後藤の生涯を顧みると、体を張って神社合祀反対運動に取り組んだ熊楠に彼が強い共感を覚え、熊楠が何とか守った神島の森を自身も守ろうとしたことは当然のことかもしれません。

彼が大塔山系の自然調査を始めたころ、ちょうど故郷田辺に帰ってきた高校教員（当時）の玉井済夫先生も大塔山系の調査に加わることになり、以来、自然調査をともにする仲となりました。歯に衣着せぬ物言いをした後藤でしたが、ときには大風呂敷を広げることがあり、その風呂敷の破れ目を玉井先生が逐一繕ってくださるという関係にありました。中瀬喜陽先生とは隣接する高校に勤めた縁で知り合い、互いにまったく異なる視点から南方熊楠を見てきました。熊楠の自然観の把握についても異なるところがありましたが、それぞれ違う方向から熊楠に迫った、ということだったと思います。

本書の大部分は『紀伊民報』に連載されたものですが、完結することなく後藤は故人となりました。そのため最後をまとめるにあたって、玉井先生に非常に多くのご尽力をいただきました。また、神島そのものも新たにいくつかの大きな問題を抱えることになり、その対策についても玉井先生はじめ多くのみなさんのご尽力をいただきました。中瀬先生には、熊楠について後藤の至らなかった部分のご執筆をお願いしました。後藤を支えてくださった多くの方々に心から感謝申し上げます。

本書が刊行されることになったのは、紀伊民報の方々、雑賀桂さん、竹中清さんご夫妻、田中正彦さんご夫妻の熱意によるものであり、編集にあたられた農文協の馬場裕一さんには細大漏らさず原稿を見ていただきました。ご尽力いただきました多くの皆様方に心から厚くお礼申し上げます。

二〇一一年一月二十八日

後藤みち子

＊目　次＊

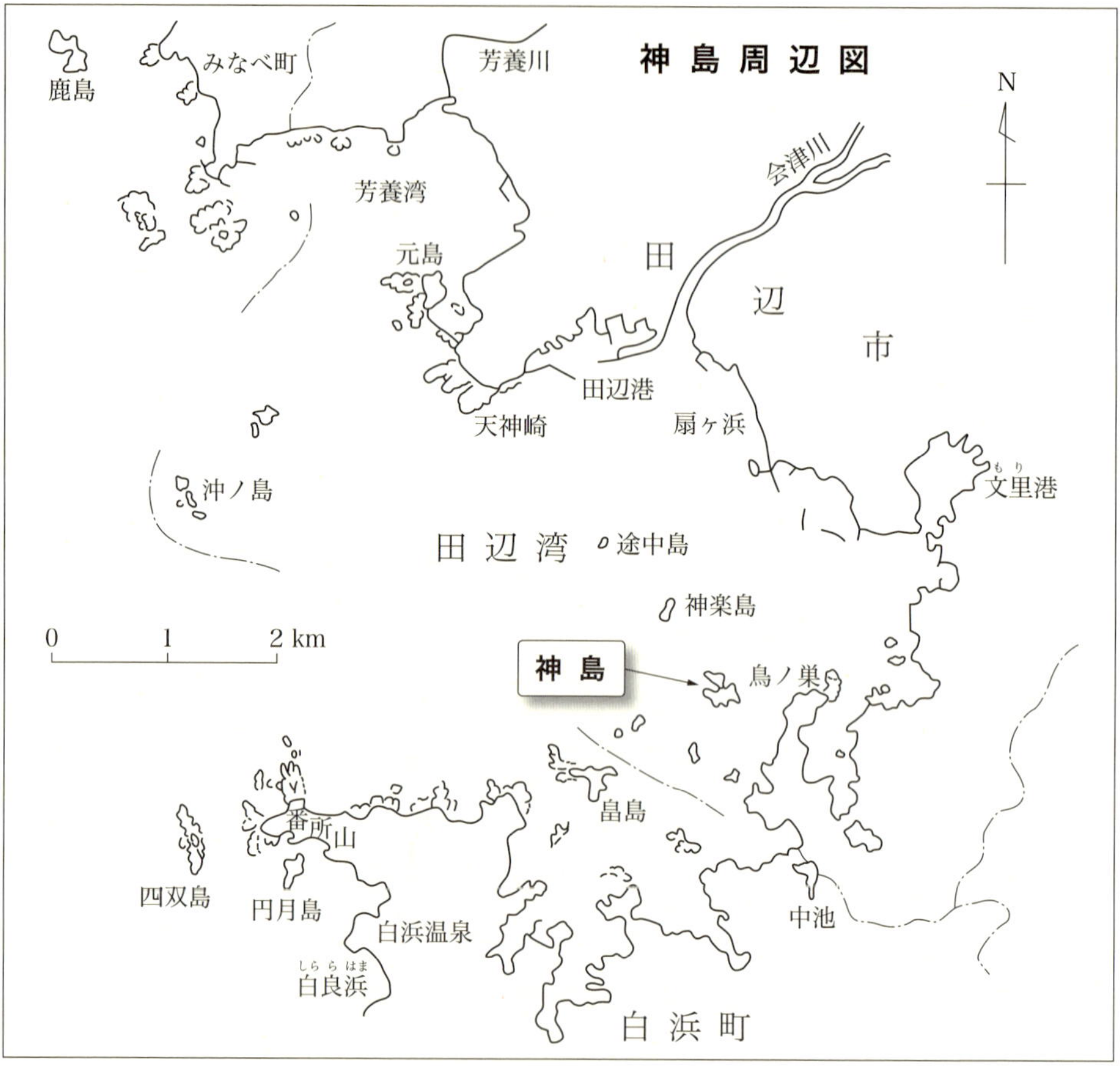
神島周辺図
N
鹿島
みなべ町
芳養川
芳養湾
元島
会津川
田
辺
市
田辺港
天神崎
扇ヶ浜
文里《もり》港
沖ノ島
田辺湾
途中島
神楽島
0
1
2 km
神島
鳥ノ巣
畠島
番所山
四双島
円月島
白浜温泉
白良浜《しららはま》
中池
白浜町

I いのちの森を守る熊楠の闘い

◉ 後藤　伸（第1節※）
◉ 中瀬喜陽（第2、3節）

※第1節は1998年6月27日の講演録

左奥に見えるのが南紀行幸の昭和天皇の御召艦「長門」。1929年6月1日、この艦上で熊楠は神島に関する御進講に臨んだ　〈南方熊楠顕彰館所蔵〉

1 魚つき林とは何か

先人はなぜ森に神を祀《まつ》ったのか

「魚つき林」。おかしな言葉で、要は魚がつく森ということです。現在、「魚つき保安林」という制度があります。魚つき林というのは昔からあったのですが、明治三十年にこういう制度ができ、海岸線の森のいくつかを「これは魚つき保安林や。これを伐ることはならん」と言って規制しています。しかし実際は、「魚つき林」という意味をまるっきり理解しないまま、海岸線の森の多くが伐採され、工事が進み、制度だけが残っているという感じになっています。

なぜ魚が海岸の森につくのか。僕の子どものころ、やっぱりおやじがこんなことを言いました。なんと「魚は緑が好きや」と言うのです。「魚は緑色が好きやから、山に緑を残しといたら魚がそばへ寄ってくる」と。だから、いつまでも漁業を続けるには海岸に木を残す、これが大事なことやと。おそらく、昔から言い伝えられてきたことだと思います。海岸に緑の森を残しておいたら、そしたら漁業はいつまでもできる。漁師のために言われていることです。

そうして僕が教師になり、あちこち回ってみたら、海岸線にかなりいい森が点々と残っていた。その森もだんだん、だんだんと減りました。残っている森には、とくに大きい森には全部、神さんが祀《まつ》ってあります。神さんが祀ってあるから森が大事に残されたこともあるし、大きな森があるからそこに神さんを祀ったとも言えます。どっちにしろ、いい森を残して、神さんを祀って漁業の繁栄を祈った、ということもあるのでしょう。

漁業にも農業にも必要だった海岸の森

その後、いろいろ勉強して、ほとんど本での勉強ではなく外で、山の中で動植物を見ながらやったことが中心ですが、ある程度わかってきたんです。何かというと、昔の日本人はよくよく賢かったんですね。自然の成り立ちというのをよく知っていた。

海岸線の急傾斜地、下は磯ですね。磯からすぐに急傾斜地に添って木が生えます。はじめは小さい木でも、だんだんと上に上がるに従って、大きい木が生えた森になる。その森を囲いとして、内側を農地や生活圏、あるいは水田にしたのです。森が潮風を防ぎ、過剰な土の乾燥も防ぐ。また、

蟹かごに産みつけられたモンゴウイカの卵を見守るトビウオ漁師。本州最南端の串本の海で　〈雑賀桂氏撮影〉

鳥が生息することによって害虫の発生が抑えられる。森がなければ土や泥がそのまま海へ流れ落ち、海も濁してしまいますが、森があれば流れた水や泥土は森に入って全部濾過され、海への流出を防ぎます。沿岸部で農業をするためには、どうしても海岸に森が必要だったのです。

さらに大事なことは、魚つき林により、次のような安定した自然サイクルが成り立っているのです。

①森には大量の落ち葉があり、腐葉土など多くの土がある。そこに雨水のほか、農地・生活圏からの栄養分を含む水も流れ込み、森の土が一度ため込む。そして、適度な栄養分と一定の分量に調節して水を海に流す。

②すると磯の海水中に、植物プランクトンや海藻など海の植物が育つ。

③海の植物を食べる小さい動物性プランクトンが大量に育つ。

④ここに沖合から魚が産卵にくる。季節によって、魚がごく浅いところにたくさんやってくる。たとえば、産卵の時期になると、岩礁のすき間の水路にグレ（メジナ）が集まってくる。

⑤そして、ここで生まれた無数の小魚はプランクトンを食べて大きくなる。大きくなったあと沖合へ出て行って成魚になる。

この繰り返しです。

森は、海と山の自然界を安定させるのです。このような何もかもの組織をひとつに担った自然界が、永続的に狂いなく安定してこそ、そのまとまりを「生態系」というのです。そういう仕組みを、昔の人はおそらく知っていたのでしょう。

もちろんだれかれなしに理屈がわかるものではありません。難しい話は抜きにして「なんで森に緑があったら魚はここへ来るんや」と聞くと、「魚は緑が好きや」と、先祖代々言い伝えてきた。非常にわかりやすい言葉です。この話を僕に話したおやじが「ワシも、おじいに聞いた」という。ですから、よくよく昔からそういう説明をしていたのです。わからない人には「魚は緑が好きだから」、それでみな納得したのですね。

事実、森がある限りそこでは漁業ができる。どうやら知らないのは今の人間だけみたいです。

農家と漁師がともに木を植え、森を守った

かつての日本人の自然に対する考え方のひとつの例として、ヤマモモの話をしたいのです。ヤマモモは暖かいところの植物ですが、日本の太平洋岸には全部、日本海側でもかなり北まであります。ヤマモモを山で植えるのはどんな場合かというと、火事跡地とか山崩れや崩壊跡などの裸地です。そういう崩れたところにヤマモモを植えたのです。なぜヤマモモかというと、根に根粒バクテリアがついている。マメ科植物にもありますが、空気中のチッソを固定し、自分で肥料をつくるので、やせ地でも育つのです。

ここで日本人と欧米人の違いですが、欧米人だったら火事場や崩壊した裸地にマメ科のアカシアを植えるのです。日本人はヤマモモを植えたのです。欧米の場合、別の作物を栽培するためにアカシアを植え土を肥やすのですが、アカシアを伐らなければ次への利用方法がなく、また昆虫は集まるが動物の生息環境

にはならない。しかし、ヤマモモは実が熟すると動物が集まり、糞をまき散らすため、すぐにほかの木が生えて多様な常緑樹の森になる。

さらに、ヤマモモは皮が最高の染料になります。兵隊服のカーキ色は全部ヤマモモです。枯れ枝は炭にしても薪《たきぎ》にしても、煙は少ないし火力はある。またヤマモモはほっておけば直径一メートルを超す大木になり、その材は非常に上等です。明治の初めごろ学校の机などに使っていましたから、かなり多かったのでしょう。今では売っていないので値もつけられないほどの貴重さです。ヤマモモでなければ、なのです。

ヤマモモ。豊かな漁場を守るため、漁師は海岸にこの木を植えた。材質がよく染料にもなる
〈雑賀桂氏撮影〉

また、崖地や崩壊地で植えられない場所には、ウバメガシの実を挿し込んでいきました。苗を植えるのではなく、実を挿し込む。こうした仕事を、おもしろいことに農家の人と漁業関係の人が共同でしていたのです。山が崩れたといえば漁師の人も一緒になってしたのです。

どんな崖地でも育つからというのもありますが、漁師の人はとくにウバメガシを珍重しました。大木が船の櫓《ろ》のヘソになったからです。家の垣根にもウバメガシを植えたほどです。

こういう森林が深くなるにつれて、シイなどが入ってきて、だんだんと最初に植えたヤマモモやウバメガシは減ってゆきます。でもヤマモモとウバメガシの森ができた段階で、魚つき林の役割はだいたい果たします。

瀬戸内海の海岸林も全部ヤマモモかウバメガシが植えられ、森林をつくっています。ヤマモモが等間隔で生えていれば、植えたものだということがわかります。いつ植えたかというと、明治の中ごろまでに、だいたい植えたものです。それ以降は植えていません。とくに盛んだったのは江戸時代の終わりごろ。それまでは植える必要がなかったのでしょう。

海岸線の開発が招く被害

だんだん近年に近づくに従って、海岸の木を伐りまくり、山を崩すようになります。派手に山を崩したのはもちろん戦後、とりわけ一九五五（昭和三十）年以降です。

五五年以降になると、がらっと方針が変わりました。かつて漁業を永続するために山に木を植えたのが、突然、漁業関係者の要求も変わってきました。今では漁業振興のためというと、たいがいは海を埋め立てる。なぜ近海漁業がつぶれて遠洋漁業しかできなくなったのかというと、要は海岸線を埋め立てたからです。

海上にまで枝を張り、森の中へ潮風が入るのを防ぐウバメガシを中心とした樹木（「おやま」東端、1992年10月）

【近海漁業の低迷】

現在の自然保護運動というのは、こうしたヤマモモの話とはまるっきり反対方向に進んでいます。漁業、魚の生活にとって一番痛いのは入り江を埋めたことです。田辺湾で考えてみても、県道白浜空港線の道路沿いの入り江も、汚いといって埋めてしまった。しかし、われわれの生活でもそうですが、海にとっても排出した汚いものをためるところがどうしてもあるのです。自然にも人間の便所にあたるものがなくてはなりません。そこを汚いからと、みな埋めてしまっている。だから田辺湾でいうと、新庄から近辺の深い入り江が、じつは海の水をきれいにするところだった。それを全部埋めてしまった。

そしてさらに道をめぐらし、陸と海とを切り離しています。だから海で育って山で生活するカニ類などは、非常な不便を強いられる。無理に上がったら車にひかれる。それが目に見えるカニだけの話ではじつはないのです。

海が陸地から恩恵を得られる部分は、全部シャットアウトされたということです。これで、海岸線に魚が育たなくなったというわけです。

戦後、「海岸線を埋め立てて漁業がつぶれてしまうではないか」との心配に、「大きな港をつくって、大きな船をつくって、沖へ捕りにいけばいいじゃないか」といった、そういう理屈がまともに通ってしまいました。沖合の魚は磯で産卵するわけです。産卵する一番大事な場所、ゴミのある入り江の浅瀬のところなど、稚魚の育つ一番大切な場所を埋めてしまって、それで沖で魚を捕れといっても、それでは沖に魚はいないです。だから今、外国に捕りにいくのです。

日本の海岸線を見てください。海岸線をコンクリートで固めていない場所がどれくらいありますか？

全部コンクリートで固めているでしょう。第一、国道四二号線が紀伊半島のまわりをぐるりと回っている。それ以外に出た半島も、みんなそのまわりに道をつけている。魚つき林の機能をまったく果たしていないということです。

【津波の被害を拡大】

もうひとつ、直接こわい話があります。津波です。津波は波長の非常に長い波なのですが、田辺湾一帯全部コンクリートで固めてしまいました。一九四六（昭和二十一）年、南海道大地震のときに大津波がありました。当時は田辺湾の岸には、深い入り江がいっぱいありました。この入り江が津波のエネルギーをみんな消していくわけです。川もありますから、だんだんと実際の計算よりもだいぶ小さくなります。それでも新庄の奥は波が十数メートル上がったのです。

今ではそのエネルギーを消すところを全部埋めてしまっています。おまけに磯も浜もみなコンクリートで固めてしまったから、今度やってくる波は前の計算どおりには、まるっきりいかないと思います。覚悟しなければならないと思います。

ゴルフ場、ホテル、道路など開発が進む田辺市沿岸。「神島」（左奥）はその近くで原始の姿を今に残す（2002 年 11 月初旬）

津波のような大きな自然のエネルギーを、人間の技術力だけで押さえてしまおうというのは大間違いです。押さえきれない。だから、「自然の力を横へそぐだけ」だと、昔の人の知恵にはありました。そうして人のいのちだけを守ろうとしました。

そのへんが、日本人の本当の心だったんだろうと思います。

魚つき林の現状——残された森は今どこに

今の実態は、昔とはひどく違っていることがわかります。天神崎でさえ魚つき林ではない。周囲に道をつけて、護岸のところどころに穴をあけて水を流し出すなんて、安定した生態系ではありえない。

では、そうした魚つき林は今どこに残っているのか。いくつか挙げてみます。

【和歌山市の友ヶ島】

和歌山県でいうと、北の端に浮かぶ友ヶ島の沖ノ島と地ノ島。あそこにありました。過去形です。今、地ノ島にいい森が残っていますが、観光地になってる沖ノ島のほうがもっといい森でした。もともと魚つき林として残していたところ、戦時中、陸軍の要塞ができて人の立ち入りが禁止され、ますますいい森になった。

ところが、戦後、その森を観光の名所にしようと、タイワンジカとタイワンリスをもってきて放した。タイワンリスはリスではないのです。あれはドブネズミと一緒。木はかじるし、あらゆる小さい昆虫をみんな食べてしまった。そのうえ、ホンシュウジカでもあれだけ木を食い荒らすのに、タイワンジカはもともと照葉樹林帯に生息していて、そんな常緑広葉樹の茂ったところに放して、しかも敵がない。ものすごく増えました。地面に生える草をみな食べてツルツルにしてしまい、届くところにある下枝を食べてしまい、そこへ木の上のリスが上の葉っぱをすべてかじり、木の幹までかじりますから、あちこちで木がどんどん枯れた。まるでゴルフ場に木を植えたみたいになったんです。雨が降ったらざっといっときで流れてしまう。湿地もあり、貴重な動植物などたくさんあったのが、死んだシカが放置されたりして水が汚れ、水生動物もいなくなり荒れ果ててしまいました。

【湯浅湾の黒島、鷹島】

湯浅湾の入り口に、黒島、鷹島があります。鷹島にはいい森林が残っていました。僕が子どものころですから、五〇年以上前です。山伐って、薪売って、それ以後、何回かあった山火事でなくなりました。黒島のほうは、非常に貴重な、まさに紀伊半島の縮図のような島でした。日本の本州、とくに和歌山県に見られる南の系統の植物はみなここ止まりです。珍しい熱帯系のものは全部ここにあります。神島《かしま》で有名なハカマカズラも、ここが北止まりです。アコウの森林もある。また、瀬戸内海や中国山地から西日本に広がる植物も全部この島にあります。

西の植物の東の端で、南の植物の北の端で、おまけに北の植物の南の端がここにあった。魚つき林としてそれらが残されていたのに、木を伐られて売られてしまった。南方熊楠さんの時代でも非常にいい森で有名だったのでしょうが、険しい崖があり、行くことができなかったそうです。結局、消えてしまいました。

【南部《みなべ》の鹿島《かしま》、田辺の神島……】

南部の鹿島は、非常にいいタブノキの森です。ただし、個人の所有の島で、かつてそこに旅館を建てようとした人がいて、昔行ったときには、森の中に大きな鉄筋の廃屋がありました。その後、台風で家はつぶれ、森も木が折れて小さくなりましたが、海岸線の森としてはいい森です。

田辺湾の神島と、白浜の熊野三所《さんしょ》神社の森は、魚つき林のいい森です。三所神社は観光地の白良浜《しららはま》のすぐ端っこにありながら、あれだけの森が残っているとは……。前に千葉大学の沼田真先生が来られたときに、三所神社に連れていって森を見てもらったのです。「紀州にまだこんな森が残ってるんだ。すごい。千葉県にこんな森があったら、確実に国の天然記念物にして保全しているだろう」と言われました。

近場では、魚つき林のかなり典型的なものが田辺の元島です。田辺湾内の海は非常に荒れているけれども、元島のまわりは陸と海とが、かなりつながっている。大勢の人が磯で貝などを採り放題採っても、やっぱり天神崎一帯は豊富です。もう絶えてしまったと思っていたナキオカヤドカリなども、たまに見たりします。

そこから南へ行くと、名残として日置川の河口、南側の岸壁の山があります。そこにいい森があります。ウバメガシとかシイの森です。これはかなり最近まで魚つき林として残した森でしょう。今、日置川の人はそこが昔から残してきた森だということを知っているのでしょうか。あとは、それ以外のところはみんな伐られてしまってないですね。

【古座の九龍島《くろしま》の悲劇】

古座の沖にある九龍島。この島はすごくいい森林であるし、生えてる森林を見たら、沖縄本島の与那覇《よなは》岳という、ヤンバルクイナが生息することで有名なその森と非常によく似た森です。だから下草に大きなシダが生え、アオノクマタケランとかタマシダとか、そういうのが胸ほどまでに生え、上にはスダジイやタブノキ。沖縄と同じ仕組みです。大事にしていたのですが、カワウの寝床にされました。それがちょうど悪いことに、陸地から見えないところに。

熊野灘というのは南西から北東に向かっての海岸線です。だから陸地から見たら反対側の、冬に北西風の当たらないところがちょうど見えない。そこへ毎年、一〇〇〇から二〇〇〇のカワウが冬越しにやってくる。養殖漁業をしている串本へ餌を食べに行き、九龍島で晩に寝る。通勤しているんです。二〇〇〇羽のカワウが冬場、秋から春まで半年糞したら、年間何十トン。どうなるかというと、一〇年間で直径一メートルを超す大木が、根まで腐ってしまいました。岸壁ですから、土ごとみんな流れてしまって表土がなくなった。とても近づけないほどの悪臭です。結局、陸地側から見えない部分がすっかり破壊されてしまいました。

陸から見える斜面にはまだ木が残っていますので、見ると今でもすごい森林のようですが、実際はなんともひどいのです。

爆音機やネットが田辺の神島では有効だったと聞いて対策したら、今度は橋杭岩を白化粧して問題になっています。

養殖漁業を変えるとなると、日本の産業構造まで変えることになる。問題はそこにあるのだけれど、いずれにせよ、九龍島の森林が破壊されたのは、もったいない話です。

【すさみの稲積島《いなづみじま》、黒島、江須崎】

すさみには稲積島という、立派な原生林があります。その南に江住の江須崎があります。稲積島と江須崎の間にふたつの黒島があります。陸ノ黒島は浅く、沖ノ黒島はちょっと深い森です。でも何回か伐ってるんでしょうね。その点、稲積島と江須崎は伐っていない原生林。ただ、江須崎は道をつくってしまって、つぶれかかっています。できるだけ今のうちに見ておいたほうがいいです。

原生林かどうかの判断ですが、どんな大きな木であれ、まっすぐに伸びているものは、本当の原生林とはいえません。森でスクッと立った、年輪が百年の木を見つけても、それは百年前に初めて生えた木です。本当の原生林になると、必ず曲がった格好で、幹も横向けにゆがんでいます。なぜなら、ゆがんだ木は、たとえ年輪が百年でも、じつは近くに最初に生えた木があって、その木が枯れてもわきに生えていたのが大きくなってまた枯れて、そして現在の木になっている。同じ木があった痕跡を見れば、現在の木が何代目なのかがわかります。最初の木が三百年ほどで枯れるとしたら、三代目で九百年。その木を見て、「千年ほど前からこの森は大事にされていたんだ」ということになるのです。

江須崎へはだれでも入れるようになっていますし、入っても、あれ以上、生身の人間の力では壊すことも直すこともできないです。直径一メートルほどの木がまだだいぶ残っていますが、いずれ枯れます。もう助からないです。

これは一九五七（昭和三十二）年に江須崎のまわりに道をつくったからです。観光道路だといってつくり、つくった途端、「悪い」と言われて途中でやめた。もう遅いです。たった一回伐っただけで、あとは順番に枯れてきました。

もう、かれこれ四〇年経ちますが、今、中心部が枯れてきています。周辺はいい森に回復しているので、初めて行ったらいい森だと思うでしょうが、じつは道ができて草地になって、次に別の木が生えてきて、それが今、大木になってきたのです。しかし、それは本当の森ではありません。

その木の下に次代の木が生えて、その木が大きくなって今ある木を枯らして。そうして初めて、元あった木が生えてくるはずです。あと百年ほど経ったら、本当の江須崎の森の木が、下生えとしてこれから生えてきます。

今、江須崎は中心部だけに元の木が最後に残っている。その中心部の森はみんな曲がりくねった格好になってますから。こういう木は、だいたい平安時代から日本の歴史を見てきた木なんです。江須崎には枯れて倒れたものもあれば、てっぺんの折れかかったものもありますけど、そのつもりで見てほしいですね。

1970 年ごろの江須崎。周遊道路の建設で、樹高 20 m ほどのクロマツとビャクシンがつくる周囲の大森林はすでに衰退していた

稲積島へはだれも入らないでください。あれは保護状態がいいので、いいところにはできるだけ入らないでおきましょう。魚つき林というのは、本来、そんな大きな森を残していたんです。

【農地拡大しすぎた太地《たいぢ》】

そうした魚つき林の森が、最近までまるまる残っていたのが太地です。太地の魚つき林というのは、何も祀らない形で残っていた。今は、残された木の一部分だけがあります。これも早く見に行かないとなくなります。

太地は海岸段丘なので、町から梶取崎のずっと先まで平坦な農耕地帯があって、その周辺に森があった。台形で、上が水平なんです。外は太平洋の荒磯です。だからこの辺の木は、ウバメガシを中心にびっしりと生えていた。上あたりに少し大きな木があり、そこから内側は農地や民家があります。

最初は直径一メートルくらいの、何代も経た曲がりくねった大木がありました。太地町は南東に海があって、しかも半島が出ている。まわりの立派な魚つき林が、風を防いでくれて暖かく、春を先取りできる。こんな農地としていいところはないと、農作物や、とくに果樹や花などをつくる農地を拡大するため、森をだんだんと削っていったのです。それでも風の囲いさえしたら、農業、とくに園芸はできた。そしてすっかり伐ってしまって、見通しがよくなった。しかし台風で、それまで持ちこたえていた上部の木々が折れてしまい、結局、太地の森はほとんど破壊されました。

木に対する日本人の心――南方熊楠の書簡から

『南方熊楠全集』を読むと、日本人が木に対し、大木に対して非常に素直に自然を敬う気持ちというのが昔からあったのだと至る所に書いています。いわゆる神社合祀によって日本人の心が失われ、神社の森を伐っていることは、じつは将来、大変なことだと書いています。

実際、大きな木に対して、直径一メートルを超すような木、しかもまっすぐに伸びないで、曲がって何代も時代を経た木というのは、人間はだれでも頭を下げるものです。そういう気持ちになります。ところが現在、そういう木がほとんどなくなってしまった。しかも、そういう木を見ないで育った人間というのが、今は政治の中枢を握っている。これがほんとの、日本の自然を根本的につぶす原因なのだろうと思います。

一九〇九（明治四十二）年に南方熊楠（一八六七～一九四一年）が松村任三《まつむらじんぞう》という、当時東大の植物学の先生に書いた手紙があります。これを読んだ柳田国男《やなぎたくにお》はあまりに中身が大事だというので、松村宛の手紙二通をそのまま、ある程度、個人の名前は伏せ字にして本に載せ直したんです（『南方二書』）。

どういう内容かというと、今の明治政府の考え方やり方は、日本人の本来の考え方をつぶし、なくしてしまう。ゆくゆくは山に対する考え方が、経済価値を中心に考えるような、金で勘定するようなそういう社会になるので、やがて日本の山は滅びていくだろう。そのときにはあちこちでたくさん災害が起こるだろう、ということを書いています。今読むとちょうどよさそうです。今だったら、だいたいの人がこの意味がわかります。おそらく明治のその時代では通じなかったんでしょう。

しかし、こんな大切な話を百年前に言っているのに、ちょっとでも聞いておけば今のようなことにはならなかっただろうに。とくにひどい植林とかひどい林道工事は、これから先、だんだん響いてきます。「それならばやめようか」といっても、もう駄目です。一度したものはもう戻りません。

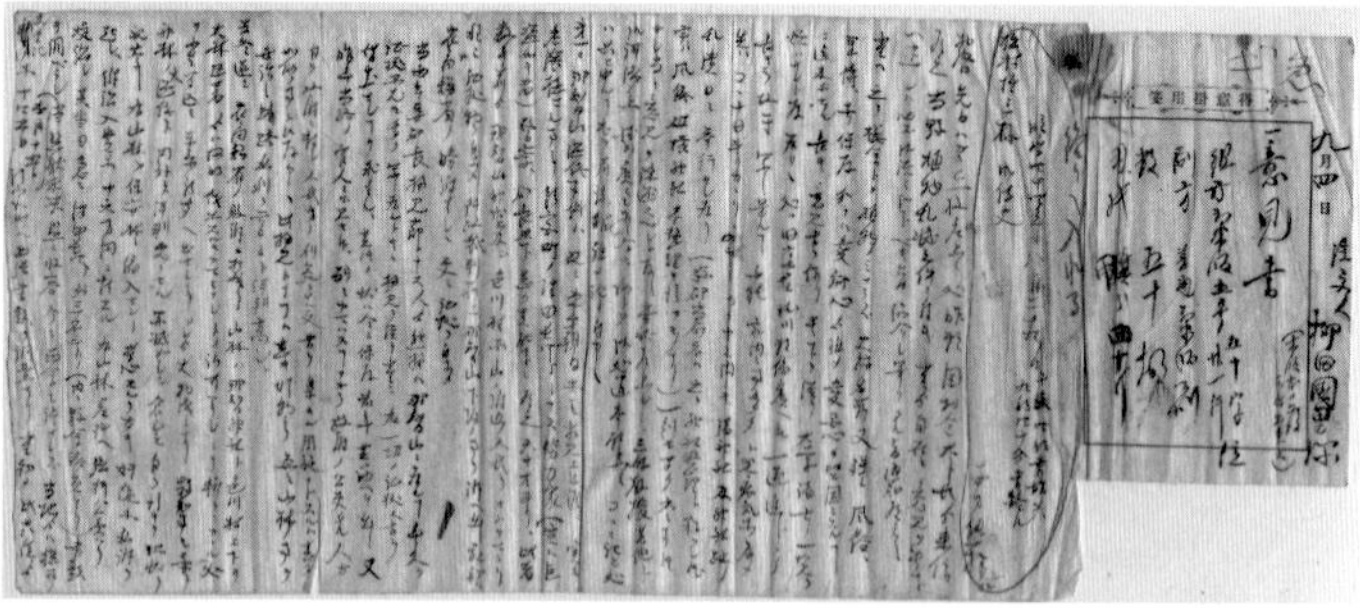

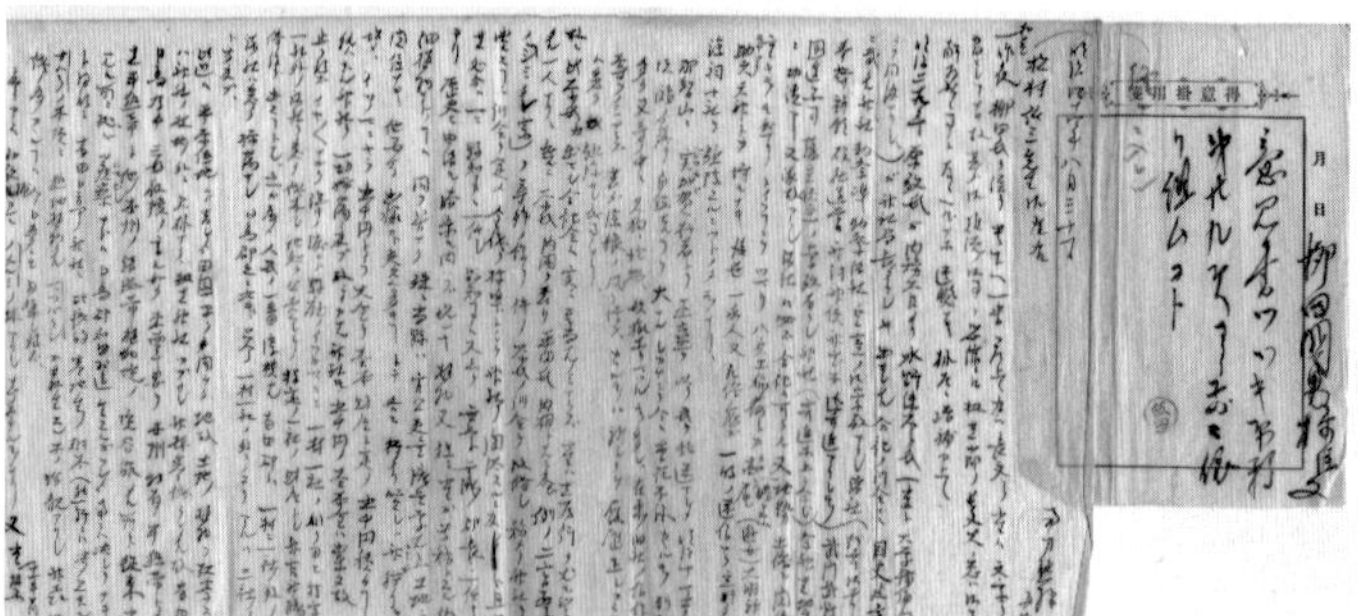

「南方二書」と呼ばれる松村任三宛書簡。上は1911年8月29日、下は同月31日に書かれたもの　〈南方熊楠顕彰館所蔵〉

2

明治の神殺し、神社合祀《ごうし》

強引な神社の合併と神社林の伐採

明治政府は、急速な中央集権化と国民教化の一環として、すでに一八七一（明治四）年の太政官《だじょうかん》布告によって全国の神社を官社、府県社、郷社、村社、無格社の五段階に格付けし伊勢皇大神宮《こうたいじんぐう》を頂点とする国教的系列化を整えていた。そして一九〇六（明治三十九）年五月に「府県社以下神社ノ神饌幣帛料《しんせんへいはくりょう》ノ供進ニ関スル件」という勅令《ちょくれい》が公布され、府県社・郷村社などに対する神饌幣帛料の支出の条件が認可された。これで神社合祀政策推進の法律的基盤が確立することになる。三重県と和歌山県では、とくに急進的な合祀が推し進められた。

一九〇六年十二月十八日、和歌山県西牟婁《にしむろ》郡役所は政府および県知事の訓示を受けて郡下町村宛に社寺合併の奨励を要請、その期限を翌年四月までと定めた。これにより、和歌山県神職取締所西牟婁郡支所からもまた各町村神職に宛て、町村長に助力し遂行すべき旨通牒《つうちょう》が出され、田辺・西牟婁地方の神社合併・合祀が急ピッチで進められることになった。西牟婁郡長の楠見節《くすみせつ》は、神職取締所も兼ねていた。楠見は直属の部下数名を督励して各町村を巡らせ積極的に合併・合祀の実《じつ》を挙げさせた。

『田辺町誌』によれば、この楠見の強引な勧奨で西牟婁郡内に当時あった村社一二八社は七八社合祀して五〇社となり、無格社一九五社はじつに一八四社を合祀して一一社に減じたという。

当時、西の谷村（現田辺市）で行なわれた合祀を例にとれば、字古町《あざふるまち》の上の山東神社を存置し、これに字出立《でたち》の出立神社、字尾の崎の稲荷神社、字西郷の上の山東神社、字目良《めら》の八幡神社を合祀しようとした。字西郷の住民は「信教の自由」をたてに絶対反対、字目良の人々は合祀先が遠隔地で参詣に不便であるとして強く反対したため、郡長は有力者を郡役所に呼んで再三説得、あるいは威嚇して、ついに目良の同意を取りつけ、新たな神社名を「八立稲《やたちね》」とした。八幡社の「八」、出立社の「立」、稲荷社の「稲」とそれぞれ合祀される神社の名から一字ずつ採ったものである。一九〇七（明治四十）年二月二日、移祀祭《いしさい》が行なわれた。このあと字西郷の上の山東神社への干渉がきびしく行なわれ、もし合祀をしないのであれば、設備、資産、収入の手だてをすみやかに整えよと迫られたため、ついに一九〇九（明治四十二）年十二月、合祀に同意している。

西牟婁郡内、および和歌山県下いたるところで、こうした強引な神社の合祀合併が行なわれていることを見聞した牟婁新報社主の毛利清雅《もうりせいが》（筆号・柴庵《さいあん》、一八七一〜一九三八年）は、「神社合祀について」の意見を『牟婁新報』紙上に発表（一九〇七年十二月九日、十二日付）した。毛利の意見は要約すれば、㈠神社は「適当」に廃合してもよいが、現状のように内務省の訓令をふり回して強制威圧的な廃合には問題がある。とくに基本金（これは当初村社以下は五百円以上とあったのをいつの間にか二千円、五千円とせり上げた）がないなら他へ合併せよというのは理不尽で、基本金がなくて不都合があるのなら政府が基本金を与えてはどうか。㈡神社の森は、どの村にあっても勝景の地で、住民の情操に多大の感化を与えている。合祀によってその森が伐り払われていくのはしのびがたい。
㈢氏神には、歴史上の記録がないとしても深い由緒が秘められているはずである。将来専門学者によって解明されねばならない重要な課題をはらんでいる。――こういう大事な事柄を考えないで「基本金」や「神職」の有無を尺度に、びしびし廃合を断行するというのは乱暴の沙汰というほかない、というものである。

この毛利の意見は、わが国で最初に神社の合祀反対に触れたもので、その後伊勢の神官生川鉄忠《なるかわてっちゅう》の「神社整理に伴ふ弊害」(『神社協会雑誌』一九〇八年二月付)、「神社整理難を論して神職配置法に及ふ」(同誌、一九〇九年八月付)などの意見が発表された。

熊楠、神社合祀反対運動へ

南方熊楠が神社の合祀合併とそれに伴う神社林の伐採を憂い、『牟婁新報』に長文の論攷《ろんこう》(「世界的学者として知られる南方熊楠君は、如何に公園売却事件をみたるか」)を発表したのは一九〇九(明治四十二)年九月二十七日のことである。社主であり主筆

1909年ごろの牟婁新報社。右から5人目が毛利清雅
〈南方熊楠顕彰館所蔵〉

であった毛利清雅とはまだ面識をもたなかったが、『牟婁新報』で折りに触れて読む毛利の姿勢に共鳴して投稿したものである。熊楠の要旨は、毛利が表題にした「公園売却事件」ではなく、これと同時に発生している神社合祀の問題であった。「この三年ばかり前、神社合併合祀の訓令出でしより、当県の郡吏《ぐんり》、神社を合併せしむるを無上の奉公と心得、百方人民の好まぬ所を勧誘し、近日に及んでは随分不穏の言を以て威喝脅迫し、その何等の由緒あり、何らの故蹟たり、また如何なる景勝に加わること如何に大なるかを問わず、神社を騙《かた》って一所に集め、その跡を潰すを第一の功名と心得る（中略）数日前、和歌山県庁より役人やって来たり、なるべく今冬中に西牟婁郡内の神社を合わせてしまえと言うたとて、郡吏輩、また例の赤城町長（兼宮係り総代）、いろいろ奔走して、今日明日合併せずんば合祀せよと、蟹が柿の核《さね》をせむるがごとく、町村の宮係りを促し、彼らの温順無口なるに乗じて盲判《めくらばん》をつかす同然のやり方、飛ぶ鳥は跡を濁すというが此輩の金言と見えて、どうせ長持ちはないから神様でも潰して、他所え奉職するときの手柄話にでもしようと思うものの如し。そもそも、この神社合併のことたる、制令に非ずして訓示に止るなれば決してかく足元から鳥が立つように、威風を以て励行すべきものに非ず」と述べ、「当県はいつも満足なことは必ず他県におくれ、不埒《ふらち》なることのみ多く他県に先立つが常例なるが、神社合併の如きもいたってつまらぬことなれば、果然、全国で先登第三位をしめ、官吏輩揚々として、虎でも退治したるごとくなるは笑うに堪えたり」と痛烈に批判し、昨今ヨーロッパでは街中に小公園をつくって市民の憩いの場としているというのに、わが国では手近にある小公園ともいうべき神社を潰し、その木を伐り、借家などを建てるというのは時代錯誤だと述べている。

これを最初に、熊楠の神社合祀反対意見は毎号のように『牟婁新報』紙上を賑わすことになる。近年の調査では、この時期、地元紙のほかにも大阪朝日新聞社、東京朝日新聞社、大阪毎日新聞社などにもいくつかの原稿を寄せていたことがわかっている。熊楠のこうした訴えのきっかけとなったのは、稲成《いなり》村糸田《いとだ》（現田辺市糸田）の高山寺《こうざんじ》のある台地にあった猿神社《さるがみのやしろ》の合祀であった。

猿神社合祀の惨状を訴える

一九〇四（明治三十七）年十月、田辺に借宅した熊楠は、人情豊かで物価も安く、自然の色濃く残る田辺がすっかり気に入り、腰を落ち着けた。そして那智山で集めていた生物標本を大成しようと、田辺近郊の社寺林を足まめに巡り、キノコや粘菌を調査し、池や川の藻類を観察していた。人里に近いこの糸田の高山寺の森は手頃な観察地であり、なかでも森の一角を占める猿神社の境内には、クスノキやタブノキの巨樹が枝を広げて、幹にはさまざまな植物

毛利清雅の県会議員当選記念写真。前列中央・南方熊楠、右・松枝夫人、左・毛利清雅、南方夫妻の後ろ・長女文枝（1935 年）　〈南方熊楠顕彰館所蔵〉

が寄生し、季節ごとに種類の異なるキノコや粘菌が姿を現わした。

現在ではその当時のたたずまいを想像せよといってもとうてい無理なほどこの付近は変わっているが、かつて猿神社の森などは、枯れた木一本伐るにも役所へ届け出て、その許可がなければ氏子にも自由にはならなかった。田辺の大庄屋の文書『万代記』には「糸田村の猿神の大松が枯れた。もし折れるようなことがあると近所の家に迷惑をかけるので、お調べの上伐らせてください」（要旨）という願い出が一八二二（文政五）年十一月八日に出されている。この時期にも「大松」があったということは、古くから神の森として大切に守られてきたことを示している。

ところがこの森に大異変が起こった。明治憲法下、天皇の神聖不可侵を強調する一環として「各集落ごとにあった神社を合祀して、一町村一神社を標準とせよ」という神社合祀令が全国規模で行なわれたのである。猿神は稲荷神社に合祀し、合祀後の社叢《しゃそう》（＝神社の森）を伐採することとなった。記録によるところの合祀は一九〇七（明治四十）年四月に行なわれ、社叢がなくなったのはそれからしばらくした一九〇九年の春ではなかったかと思われる。

熊楠は猿神社の合祀の惨状を友人で新聞記者の杉村広太郎（筆号・楚人冠《そじんかん》）に書いて送り、杉村はその手記を一九〇九年十月十六日付の『東京朝日新聞』に掲載し、ここに初めて植物学の見地から見た神社合祀の問題点が内外に知らされた。明けて一九一〇年二月十一日、『大阪毎日新聞』も「無謀なる神社合祀、和歌山県当局者の亡状、植物学者の憤慨」の見出しで熊楠の主張を二日にわたって掲載し、政府の方針に決定的に対立する熊楠の立場を援護した。これらの意見は、その後展開される熊楠の神社合祀反対、自然保護のさきがけとなるものとなった。

「無謀なる神社合祀」で熊楠が訴えた内容の要旨は、以下のようなものだった。通牒に示された無格社は基本金二百円以上とあるのを、官吏《かんり》はいつの間にか勝手に五千円と嵩上《かさあ》げして五千円を積み立てねば合祀すると、わずか一七戸の字民を威嚇、稲荷社へ合祀し、その跡地は、二度と復社できないように宮木を一本残らず伐採してしまった。先日、その神社の祭典があったが、字民はだれも合祀先の稲荷社へまいらず、旧社地の木の切り株へ小さな霊屋を構えてそれに額《ぬか》づいていた。政府は神祇《じんぎ》崇拝の実を挙げるための合祀というが、合祀先へ遠く歩いて参詣するということはしないのが実情だ。それに、この猿神社には狭い境内ながら植物も多く、とくに一本の古い楠《くすのき》には、私が標本としたものだけでも七〇種にのぼる隠花植物があり、中にはプチコガストルという変形学上の珍品ともいうべき菌、アーシリア・グラウカという新種の粘菌も、この楠のみに生ずるもの

富田村付近（現田辺市）への採集行の様子。採集行翌日に自宅近所の池田写真館庭で撮影。左から多屋勝四郎、浜本熊五郎、熊楠（1902年10月10日）〈南方熊楠顕彰館所蔵〉

だった。無法不人情きわまる神社合祀奨励のため、こんな希有《けう》の好研究材料が、日々跡を滅していくのはいかにも心外に堪えないことだ、と結んでいる。

晩年まで続いた熊楠の闘い

熊楠にとって、町からほど近い自然林としての神社の森や手水鉢《ちょうずばち》、溜め池は、藻、地衣《ちい》、粘菌の格好の研究場所であり、一方、それらの微生物にとっても、そこはかけがえのない「生命の貯蔵庫」だったのである。熊楠はこうしたものいわぬ生物に代わって、その救命を訴えたのであるが、訴える声が高まるほど摩擦も大きい。それが最高潮に達したのは一九一〇（明治四十三）年八月二十一日のことで、紀伊教育会主催の夏期講習会が田辺町の田辺中学校を会場に開かれたおり、これまで県庁の社寺係をつとめ、合祀督励に再三田辺に来たことのある相良渉が、今度県の内務部長で紀伊教育会の会長として来田《らいでん》することを知り、熊楠は積年の思いを叩きつけるつもりで面会を求めたのである。講習会は七日目で、熊楠が訪れたときは閉会式の最中であった。受付で、しばらく待つように言われたのを、その間に逃がすつもりと受け取った熊楠は、ビールの酔いも手伝って、会場に押し入り、手に持っていた標本袋を会場に投げ込み、式場は騒然とした。この件で「家宅侵入」の疑いから一八日間の未決拘留となり、九月二十一日、証拠不十分で免訴の判定がなされた。

この後、熊楠の反対運動にちょっとした変化が起こる。それは、中央の学者に応援を頼む手紙を書きだしたことである。柳田国男、松村任三、白井光太郎《しらいみつたろう》らがその宛名人で、在京の知名人を動かして、その援護のもとに神林の伐採を中止させようとした。柳田らは熊楠の意を諒《りょう》としながらも、時代の趨勢は一人や二人の力で変えることなどできないと、むしろ熊楠の反対に賭ける精力を学問研究に向けるよう勧めている。

一九一八（大正七）年三月二日、貴族院第三分科会では神社合併不可が論じられ、希望決議として提案された江木千之《えぎかずゆき》氏の「神社合併は国家を破壊するもの也。神社合併の精神は悪からざるも其結果社会主義的思想を醸成するの虞《おそ》れあるを以て今後神社合併は絶対に行《おこな》ふ可《べ》からず」の意見が全会一致で可決された。これを承《う》けて同年五月、水野内相《ないしょう》が神社合祀の非をあらためて表明、合祀の嵐はようやく終息に向かい、熊楠の長い闘いは終わった。見回してみると神島の森、野中の継桜王子社《つぎざくらおうじしゃ》の社叢、那智滝の原生林、三重県阿田和《あたわ》の引作《ひきつくり》神社の楠など、熊楠の説得で残された神社林もあることはあるが、たいていは姿を消してしまった。このうえ、さらに時日が経れば、今残ったものさえいつ伐採の憂き目に遭うかもしれない。熊楠は、もっともその可能性の高い神島を、魚つき保安林から、いっそう保護のおよぶ県の史蹟名勝天然記念物に指定の働きかけをし、それでもなお安心できず、一九三五（昭和十）年には文部省の指定を受けて、将来の保全に備えたのであった。

晩年の熊楠。田辺の自宅２階で

〈南方熊楠顕彰館所蔵〉

そういう意味では熊楠の神社合祀反対、自然保護の闘いは晩年まで続いていたといわざるを得ないのである。

合祀の嵐がやんだ昭和に入ってからも、猿神社のあった高山寺の森の山裾は鉄道開通で削られ、山頂では墓地が拡げられていった。開発の進行とともに熊楠の足もだんだん遠のき、最後にここを訪れたのは一九三六（昭和十一）年二月十五日で、その日の日記に「三時半北島氏来る。共に秋津口より高山寺山門に至り、墓地の下よりもと猿神祠の上に至り、引き返して墓地に入り、稲成の方へ下り、瀬田川《おそたがわ》のへりを上るうち、二十余年前の大寒中見付けおきたる膠《にかわ》状の緑藻を見出す。前年よりはるかに少し」と出る。

一九四一（昭和十六）年十二月二十九日、七四歳で没した熊楠は、いま、猿神跡を見下ろす高山寺の墓地に眠っている。

3
熊楠と神の森、神島

古くから信仰されてきた不伐の森

神島は和歌山県田辺湾内にある面積約三ヘクタールの島だ。中世の歌枕《うたまくら》のひとつ。『紀路歌枕抄《きのじうたまくらしょう》』（延宝四年、丹羽秀方《にわひでかた》編）に「磯間浦《いそまうら》　神嶋《かしま》　牟婁郡《むろぐん》の内《うち》　田辺神子《たなべみこ》の浜のつゝきに有《あり》、神嶋此海《かしまこのうみ》に有、土人《どじん》此嶋《このしま》を鹿嶋《かしま》と云《いう》」と注記するように、神島と書いて訓《よ》みはかしまである。

神島の神は建御《たけみ》雷命《かづちのみこと》で、田辺市秋津の竜神山《りゅうぜんさん》の神と同体である、と地元ではいわれている。神島から竜が立ち昇って竜神山へ降りた、というのである。その縁で合祀後のいまも、神島の大山《おやま》の頂きの祠《ほこら》は秋津の人たちがていねいに祀っているという。

田辺の大庄屋文書『万代記』の一六四九（慶安二）年には「か嶋明神の宮と申、海内に雑木の森山御座候」と出る。神の島の神の森という意識がずっとあったのだろう。南部町沖の鹿島と田辺の神島を、昔おおびとが担ってきて、天神崎で荷を下ろしたので同じような島がふたつできたのだともいわれている。神島が神の島で、森林は神のものであるという信仰は古く、先にあげた『万代記』の一八二二（文政五）年九月二十六日に「神島の古木持ち伝え候もの御座なく候。右の嶋、社木ゆえ村内の者共あい恐れ、先年より伐り申さず候」という返事を差し上げたと記している。これはおそらく殿様の御用で、神島産の古木でつくった置物を持っているものがいないか調べよ、というお尋ねに対して答えたものと思われる。この返事は、神島の木は神の木であるから、昔から誰も畏れ多くて伐る者もいない。したがって置物などにしている者はいない、というのである。このように神島は人の手の入らない島として長く伝えられてきたのである。

御進講後の熊楠・松枝記念写真
(1929年6月2日)　〈南方熊楠顕彰館所蔵〉

弁天社合祀後の危機と熊楠の攻防

熊楠が初めてこの神島を目にしたのは一八八六(明治十九)年の春、渡米を前に親友の羽山繁太郎と白浜温泉に遊ぶ途中、田辺から乗った船の上からである。そのときは渡船から眺めただけの島だったが、一九〇二(明治三十五)年六月一日、那智勝浦へ下る途中、多屋勝四郎の案内で初めて上陸し、木耳《きくらげ》を採集した。島内の植生に興味を抱き、一九〇四年、田辺に借宅してからはしばしば渡島して彎珠《わんじゅ》(ハカマカズラ)、キシュウスゲ(キノクニスゲ)、センダンなど島内の植物を採り、渚や潮間帯の地衣、藻を採集した。

一九〇九（明治四十二）年七月、神島の弁天社が新庄・大潟神社《おおがたじんじゃ》へ合祀され、翌年さっそく旧神林の伐採が計画されたが、魚つき林が失われると危惧した鳥ノ巣の漁民の反対で立ち消えになった。喜んだのも束の間で、一九一一年八月、新庄村小学校舎改築費に充てるため、森林が三百円で売却され、択伐が始まったことを漁民の通報で知った熊楠は、この島の植生は紀州沿岸に数多い島の中で唯一、人の手の入らない自然の森であり、植物生態学（エコロジー）を実地に観察するのにこれほど適した島はない。また、彎珠やキシュウスゲといった貴重な植物もある、といって時の村長榎本《えのもと》宇《う》三郎《さぶろう》を毛利清雅とともに説得。榎本は村議会の議決を経て、売却した林木を買い戻した。そのとき、彎珠の衰退を目にした熊楠は、当時の知事川上親晴に保安林編入を申請。一九一二年五月五日、神島は保安林の指定をみた。島の保安林指定は国内で最初のものとみられて

神島歌碑建立記念写真。前列左から4人目が南方熊楠。その右に友部泉蔵知事、田上次郎吉、毛利清雅（1930年6月1日）　〈南方熊楠顕彰館所蔵〉

いる。一九二九（昭和四）年六月一日、南紀行幸《ぎょうこう》の昭和天皇は、熊楠の推奨する神島に上陸、粘菌を観察され、後刻、御召艦《おめしかん》「長門」の艦上で熊楠から神島の彎珠や隠花植物に関する進講を受けられている。

一九三〇（昭和五）年五月三十一日、保安林指定だけでは不十分と考えた熊楠の申請により、神島は和歌山県の史蹟名勝天然記念物に指定され、六月一日には行幸記念碑が除幕された。碑面には、

昭和四年六月一日
至尊登臨之聖蹟
一枝もこころして吹け沖つ風
わか天皇《すめらぎ》のめてましゝ森そ
南方熊楠謹詠并書

と彫られている。

こうして神島が世間の耳目《じもく》を惹《ひ》くにつれて、心ない渡島者が上陸記念に植物を持ち去るようになった。そ

神島調査中の南方熊楠（1934 年 11 月 5 日）　〈南方熊楠顕彰館所蔵〉

こで熊楠は新庄村長の坂本菊松らに呼びかけ、国の天然記念物に指定して渡島者に制限を加えようと、一九三四（昭和九）年十一月三〜十八日、全島の悉皆《しっかい》調査を実施、指定申請の資料とした。こうした関係者の努力によって、神島は一九三五（昭和十）年十二月二十四日、文部省より史蹟名勝天然記念物の指定を受け、現在に至っている。

なお当時の所有者だった新庄村は、一九五四（昭和二十九）年に田辺市に合併、現在の地籍は田辺市新庄町字北鳥ノ巣三九七二番地である。

Ⅱ 熊楠から半世紀
——神島の変貌

◉ 後藤　伸

1980年代の「おやま」の北側。熊楠の歌碑の向こうには深い照葉樹林が広がる

1 神島と照葉樹林

東南アジアと日本を結ぶ独特の樹林帯

神島は紀伊半島の西海岸、田辺湾の奥に浮かぶ森林に覆われた小さな無人島だ。田辺湾は西に大きく開いたリアス式の湾で、紀伊半島では比較的大きいほうに当たる。湾内に多くの小島や岩礁があり、その中のもっとも大きい島が畠島《はたけじま》と神島である。

神島は「おやま」「こやま」と呼ぶふたつの島から成り立ち、それらふたつの島は五〇メートルほどの長さの岩礁でつながっている。だから、満潮時はふたつは離れ島になるが、干潮時には陸続きになってしまう。「おやま」が高い起伏や岩地・断崖があるものの、全体にやや緩やかな地形であるのに対し、「こやま」は小さくて円錐状の急峻な山のような形をしている。また、「おやま」には小さいながら三カ所の砂浜があるが、「こやま」には浜がなく、ゴツゴツした磯が続いている。

これら神島のふたつの小島は、ともに深い照葉樹林に覆われている。しかし、昭和末期では冬の姿に違いがあり、「おやま」には落葉樹の大木が多いのに対し、「こやま」は全体に常緑樹が多く、いつも深い緑をたたえている。だから、一見したところ、「こやま」のほうが安定した深い森のように見える。ところが、森をつくる植物の組み合わせから考えると「おやま」のほうが深い森だといえる。この問題については次節以降でくわしく触れる。

畠島は浅い海岸性の低い樹林に覆われた平坦な小島で、古くから海の小動物研究の拠点のひとつになっている。現在、京都大学の瀬戸臨海実験所が管理し、海の生物の研究地として世界に名をとどろかせている。しかし、この島には神島のような深い森は残っていない。

照葉樹林とはツバキ・シイ・カシ類などの常緑の広葉樹の茂った森林の総称で、かつて西南日本を覆っていた本来の自然の姿なのである。このような深みのある森は「暖かくて雨が多い地域」に多いので、日本では普通の森のように言われているが、地球全体では、次のようにあまり多くはない。特別な地域の森なのだ。

照葉樹林の広がりは、ネパール・ヒマラヤ地方やミャンマー、ブータン、ラオス、中国の雲南地方な

田辺湾に浮かぶ神島。左が「こやま」、右が「おやま」。奥が田辺市街地側（1994年ごろ）

どの山地から、台湾・琉球列島を通って、はるか日本の南半分まで細長く連なっている。このように照葉樹林帯の分布域の広がりは、長さが四〇〇〇キロメートルにもなるが、細長い帯状なだけに、地球全体の地図上では、ごく限られた局部的なものに過ぎないことがわかる。

この照葉樹林の地域で生きている動物や植物には、驚くほど多くの共通点があり、南日本の生物を研究するには、ぜひとも、ヒマラヤや雲南地方の研究をしなければならないといわれている。動植物だけでなく、ここで生活していた人たちにも「照葉樹林文化」といわれる共通した独特の文化がある。

このことは近年になって、広く注目されるようになったが、熊楠は早くから注目していたらしい。おそらく、在英時代

にくわしい情報を得たのではなかろうか。照葉樹林はそれほどに特異な森林だといえる。

日本の照葉樹林帯は日本本土域の中部以南に広く分布していた。暖流の影響を受ける海岸線では東北地方にまで北上していたから、もっとも強い黒潮の影響下にある紀伊半島では、かつては高さ千メートル近い山地まで、ほとんど全域が照葉樹林の大森林に覆われていたと思われる。

太古の姿を残す自然のモノサシとして

紀伊半島南部の照葉樹林は、海岸に近い平地や土の肥えた土地ではタブノキやイチイガシが、岩場や急傾斜地ではウバ

「おやま」（1994年1月）

メガシやスダジイが、代表種となって森林をつくった。また、内陸の山地では各種の常緑カシ類の森林が広がっていた。

紀伊半島の南半分はとりわけ雨が多く、森を構成する樹木の種類も多い。「多雨林的な森林」だったと思われるが、植物が生きていく上できわめて条件がよく、いろいろな植物が混じりあい、まるで熱帯雨林のように多くの植物が生えている。

照葉樹林の広がっていた温暖な土地は、森に生活の糧を依存していた古代から、人間の生活圏と重なっていた。古来、日本人はこの森の中に住み、森を利用し、豊かな水に支えられ、四季さまざまな恩恵を受けながら、長年月、細く長く生き続けてきた。そのため日本人の心には、自然を畏《おそ》れ、自然を尊敬し、自然

に学ぶという思想が深く根づいていた。その中には「自然を保護する」というような人間優位の考え方は、微塵《みじん》も芽生えなかった。「自然保護運動の先駆者」といわれる熊楠は、欧米諸国で学んではきたが、そのような人間優位の思想は決して持ち帰らなかった。

ところが、明治以降の日本は、西欧文明による近代化と富国強兵政策によって、森林を資源とみなすようになった。敗戦後の昭和三十年代以降は、国土緑化政策による拡大造林によって、残されていた本来の照葉樹林のほとんどが伐採され、消えてしまった。日本人は今の飽食文化を手に入れた代わりに、数千年にわたって自分たちを育ててきた豊かな緑の森を食いつぶしてしまった。

熊楠は昭和の初期に、このような最悪

「こやま」(1994年1月)

の事態を予期して、太古の姿をとどめていた当時の神島の森をそのままそっくり残し、西南日本の海岸の森の原形であり、《すぐれた自然のモノサシ》のひとつとして、後世に残そうとした。

『南方熊楠全集』第六巻所収の「新庄村合併について」の一節に、「この島の草木を天然記念物に申請したのも、この島に何たる特異の珍草珍木あってのことにあらず。この田辺湾固有の植物は、今や白浜辺の急変で多く全滅し、または全滅に近づきおる。しかるに、この島には一通り田辺湾地方の植物を保存しあるから、後日までも保存し続けて、むかしこの辺固有の植物は大抵こんな物であったと知らせたいからのことである」と明記している。

「荒廃する地球を救うエコロジー」とマスコミに取り上げられた生態学が、日本でも注目され始め、残されていた各地の森林にも、近代科学の目が注がれ始めたのは昭和の後半である。しかし、西南日本本来の照葉樹林は、そのはるか以前に姿を消していた。だから、その実態の研究は、いっこうに進んではいない。

エコロジー＝生態学を日本に初めて持ちこんだのは、どうやら熊楠だったらしい。今からちょうど百年前のことだ。当時の生態学は「生きものの生活や環境を野外で研究する」学問だった。しかし、今ではすっかり様変わりして、数字や数式がやたらに出てくる「数理生態学」が主流を占めている。「熊楠が今のエコロジーを見たら何というだろうか」――神島の森の中をさまよっていると、こんな思いが頭の片隅をよぎることがある。

消えてしまった日本の照葉樹林の原形を考えるため、いろいろな調査が試みられ、いくつもの考え方がある。

その中で「花粉分析法」は画期的な方法である。堆積した土の中から植物の花粉を集めて、種名と量を測定する。その結果を、年代が確定している別の資料と比べながら研究し、当時の森林のおもな種類がどんなものであったかを推定する。しかし、この方法は腐敗が進行する暖地での研究には不向きである。おもな植物について把握できても、森をつくっている小さな植物や生活している動物については、知る手がかりがない。

社寺林の調査も広く行なわれた。各地に広がっていた森林のうち、今まで手つかずに残ってきたものが社寺林であるとの考え方だ。社寺林すなわち寺や鎮守の森は、昔からきわめて長い期間、神仏の分身として日本人が保全してきた森である。これは確かな事実であって、それに関しては異論はない。

とすれば、それらの森を広げて日本全土を覆うと考えれば、日本本来の森の姿は簡単にまとめられるのではと思う人がいるかもしれない。しかし、鎮守の森のような小さな森林が、本来の原生林の姿をそのまま今に伝えているわけではない。

森はまわりの環境変化に対応して、絶えず形を変え、生き様を変えながら、生き続けている。長い年月同じ形を保ち続けているのではない。私はこれについても、神島は貴重な生きた教科書だと考えている。

2 森の原形を探る

熊楠の「田辺湾神嶋《かしま》顕著樹木所在図」に挑む

神島の動植物を調べた人は昔から何人もいた。これについては、田辺の林業経営者でシダ植物研究者の真砂久哉さん（故人）が、『神島の生物』（一九八八年）にまとめてくれている。江戸の中ごろ、徳川吉宗の時代から熊楠時代までの調査・研究を紹介しよう。

本草学が盛んになった江戸時代の中期から、神島はハカマカズラ（彎珠《わんじゅ》）の自生地として広く知られるようになった。畔田翠山《くろだすいざん》の『熊野物産初志』（一八四八年）には、「彎珠　大辺路《おおへち》、江須崎、見老津《みろづ》、同所海島、江田小島、田辺加島に産す。蔓大にして樹頂に至り葉あり」と記録されている。田辺加島とは神島のことであろう。ハカマカズラについては、当時の新庄村（現田辺市新庄町）の人々は、晩秋（今の初冬期にあたる）にこの実を拾い集め、数珠の材料として京都の仏具店に売り出していたという。この植物のことは、地元ではずいぶん古くから、一般の人々にも知られていた。

幕末の一八六一年、水路調査を目的にイギリスの測量船が日本に来て、田辺湾にも立ち寄った。この船に乗り組んでいた船医アーサー・アダムスは、紀州田辺付近で採集したという陸の貝類の研究論文を帰国後の一八六八年に発表している。

明治に入った一九〇一年には、貝類研究家の平瀬与一郎の採集人、中田次平が神島を訪れ、多数の陸産貝類を集めている。このことは、アダムスの論文によって貝類研究家の間で神島の名がかなり知られていたことを証明している。

南方熊楠は一九〇二（明治三十五）年、田辺在住の友人喜多幅武三郎《きたはばたけさぶろう》を訪ねたときに、多屋勝四郎の案内で神島に渡っている。当時、熊楠はイギリスから帰国して間もないころ。南紀勝浦に住みついて、那智山周辺での動植物や菌類・藻類の採集・調査に熱中し始めた時期に当たる。

このころの神島の森林については、くわしい記録がない。しかし、田辺を訪れた本草学者や生物学者が必ず神島を訪ねているということは、海をへだてた研究者をも惹きつけるだけの大森林だったということだ。これには、亜熱帯系の植物ハカマカズラの存在が大きくものをいっていたようにも思える。

では、当時の神島を包んでいた大森林は、いったいどのような姿だったのだろうか。私たちの現地調査から紹介しよう。

すでに述べたように、神島が大森林で覆われていたということは確かだが、それを裏づけるくわしい資料は昭和の初期まで作成されなかった。

神島の森についての記録は、一九三四（昭和九）年に熊楠の指導でつくられた「田辺湾神嶋顕著樹木所在図」が最初の資料であり、もっとも信頼できるものだ。

この図は、神島の地形図の上に、森をつくっているおもな樹木の種名と、生えている地点をキッチリ記入したもので、西欧帰りの熊楠ならではの発案だった。熊楠はこの「田辺湾神嶋顕著樹木所在図」に、神島のおもな植物の目録と森の特徴をまとめた論文をつけて、天然記念物指定の資料にした。また、おもな樹木を測定したときの集計表が、平成になってから南方邸から発見されている。

これらの資料の一部は、元中学校教員でコケ植物研究者の太田耕二郎先生（故人）によって『田辺文化財』第一号（一九五七年）に紹介されたが、一般の人々に理解されることもないまま、田辺図書館の片隅に眠っていた。したがって、神島の森が国の天然記念物に指定されたあとも、田辺市周辺の人たちは、「南方熊楠によって残された神島の森は原始の姿そのままの大森林」と思い込んでいたようだ。

また、熊楠研究者も、熊楠の昭和天皇行幸記念に詠んだ碑と、その背景に広がる大森林を見て、「これこそ南方熊楠の残した原始の森だ」と信じていたらしい。しかし、これは昭和の末期になって大きな誤解であることがわかってきた。この事実は私にとってもまことに恥ずかしいことで、昭和三十年代後半から気づいていながら確かな証拠をつかむことができないまま、深く追究しないで見過ごしてきた。

田辺市教育委員会は一九五六（昭和三十一）年、愛媛大学の森川国康博士に依頼して第一回目の学術調査を行なった。このときの調査記録も『田辺文化財』第一号に紹介されている。

一九八三〜一九八五（昭和五十八〜六十）年度、第二回総合学術調査が行なわれた。太田耕二郎先生を団長に調査は三年に及んだ。太田先生は昭和初期から熊楠に直接指導を受け、古い神島の状況を知っている数少ない研究者の一人である。台風などの災害によって倒壊した大木の経過なども詳細に観察・記録していたし、第一回総合調査でも植物相調査を担当していたので、団長として最適任者だった。

1919年の神島。左が「おやま」、右が「こやま」

1989年の神島。左側3分の2が「おやま」

困難を極めた熊楠調査の「現代版」が完成

私たちは太田耕二郎団長の記憶を頼りに、森の中の多くの生きものについて調査活動を開始した。調査研究の成果は順次、紹介していくことにするが、まず取りかかったのは熊楠らの残した「田辺湾神嶋顕著樹木所在図」の再現だった。この図をつくるために何回も協議し、再現図をつくる代表担当者は元高校教員で両生類・は虫類研究者の玉井済夫さんに決まった。

玉井さんは、まず熊楠らの「田辺湾神嶋顕著樹木所在図」と同じ神島の拡大した地形図をつくった。もちろんおもな樹の生えている地点を記入するために使う。これは熊楠の原図から島の外形と等高線だけを写し取ればできる。しかし、そこから先が難点だらけだった。

まず、熊楠らが測定した「顕著樹木」の大きさ（樹高）や太さ（胸高直径）が、何を基準にしたのかわからない。南方熊楠らの図には、凡例もなければ説明もない（じつは少し残されていたのだが、その時点では発見されていなかった）。仕方がないから、「現在の森でのおもな樹木」を記録しようということにし、とにかく地図上に記録をとりはじめた。

第二の難点は、樹木の種名の同定が困難という問題だった。種名の同定とは植物や動物の種が、最初に決定した種と同じであることを正確に決定することである。植物では花や葉や種子が決め手になる。葉や花が手の届くところにあれば、種類数が少ないだけに、ある程度の知識さえあれば、さして難しいことではない。ところが、「顕著樹木」となると大木だ。下からは花も葉も見えない。高い樹上に見えても、手に入れることはできない。落ち葉を探し、種子や実を拾うことから始めなければならない。最大の難点は、地図にそれぞれの樹木の生育地点を記録するという仕事である。これは考えるのはやさしいが、実施するとなると並大抵のことではない。太い樹木を見つけ、種名と測定数値（樹高・胸高直径）を記入するとしても、その地図上での位置がわからない。深い森の中での位置の決定は見通しがきかないだけに手のつけようがない。

試行錯誤のすえ、島の中の特徴のある数地点を基準として、網目模様に紐を張りめぐらし、四方からの距離を測っていけば、正確な地点の記入ができることがわかった。それでも、測定資料を記入していくと、どうしても記入できるすき間のない地点や、すき間があり過ぎる部分ができる。仕方なく、はじめから測り直しという羽目になったことも少なくない。

神島はさほど高い標高の島ではないが、その立体的な地形の中で、平坦な部分にも、ゆるやかな斜面から切り立った崖にも、樹木が密生して生えているから、記録が大変だった。

この仕事は玉井さんを中心に、私と妻のみち子や弓場武夫、乾風登、前田亥津二さんらの調査員が協力しての総がかりでやったが、結局完成するまで三年近くもかかった。現代版「田辺湾神嶋顕著樹木所在図」である。

わずか五〇年で原始の森に大きな変化

問題の「顕著樹木」をどんな基準で選ぶかについて私たちはずいぶん悩み、何回も話し合った。その結果、⑴巨大な樹木、⑵古木・老齢木、⑶神島の森林を特色づける樹木、⑷よく目立つ樹木、と四点を規定した。このうち、「神島の森林を特色づける樹木」については、とくに慎重に取り扱った。

ところが、やっと完成した図を熊楠らの図と比較したところ、記録された樹木数が大きく違っていた。そこで、森林を比較検討するため、記録した本数をおよそ同数ぐらいに減少させることにし、苦心しながら本数の調整を行なった。

本数の調整といっても、どれを消すかということについては、現地を訪ねて一本一本検討しなければならない。たとえ数値が小さくとも、老齢木であれば、神島にとっての重要種であり、貴重種なのだ。

調査中、私たちは熊楠の時代と現代とではわずか五〇年しか経っていないのに、記録されている樹があまりにも大きく変わっていることに注目していた。また、同じ大きさの樹でも、樹種により生育年数に違いがあり、同じ種類でも生えている場所によって成長の度合いに大きな差があることも問題にした。

新しい二枚の「神島顕著樹木所在図」は、以上のような見方でつくった。さらに過去の変遷を考えるため、よりわかりやすい新旧樹木数一覧表をつくった。この表は「おやま」「こやま」のふたつについて作成し、過去五〇年間の樹木の消長の過程が理解できるように配列したものだ。くわしくは『神島の生物―和歌山県田辺湾神島陸上生物調査報告書』（一九八八年三月、田辺市文化財審議会編集、田辺市教育委員会発行。一九九一年三月に改訂版発行）に掲載されているが、ここでも紹介していく。

なお、「神島陸上生物総合調査団」団員は次のとおりである（カッコ内は当時の勤務、専門、所属）。

団長　太田耕二郎（田辺市文化財審議会副委員長、日本蘚苔類学会）

調査員　真砂久哉《まなごひさや》（田辺市文化財審議会委員、日本シダの会）、後藤伸（同、半翅目学会、日本生態学会）、玉井済夫（同、日本爬虫両棲類学会）、小野新平（東京都立深川高等学校、日本菌類学会）、新谷育生（田辺市立明洋中学校、日本生態学会）、山本佳範（和歌山県立和歌山盲学校、日本土壌動物学会）、湊宏（和歌山県立田辺工業高等学校、日本貝類学会）、後藤岳志（琉球大学理学部学生、東亜蜘蛛学会）、前田亥津二（日本野鳥の会和歌山支部長）、津村真由美（会社員、日本野鳥の会）

調査協力者　乾風登（昆虫学）、後藤みち子（生態学）、的場績（昆虫学）、弓場武夫（植生学）、吉田元重（昆虫学）

樹は歩き、森は変わる――消えたタブノキの巨樹

神島の森を調査し始めて最初に気づいたことは、タブノキが極端に少なくなっていることだった。熊楠らのつくった図を調べたり、現地を見てまわったりしている私は、前から気がついていたことだったが、このように一覧表にすると一段とはっきりする。さらに、この時期まで残っている四本のタブノキの大木が、熊楠らの図に示された地点とは違っていたのに、ショックを受けた（後年の調査で六本と判明）。

というのは、こういうわけだ。太さ（胸高直径）六〇センチ、樹の高さ一八メートルものタブノキの大木は、根元の直径が一メートル以上もあり、いまの神島ではきわ立って大きい木だ。この木が昭和の終わりまで生えていた地点は、おそらく当時も記録されていたはずと探したが、熊楠らの記録には記入されておらず、少し離れた別の地点に●で印されていた。

昭和九年十一月下旬　　　　北嶋脩一郎氏調製

南 方 熊 楠 誌

こ や ま

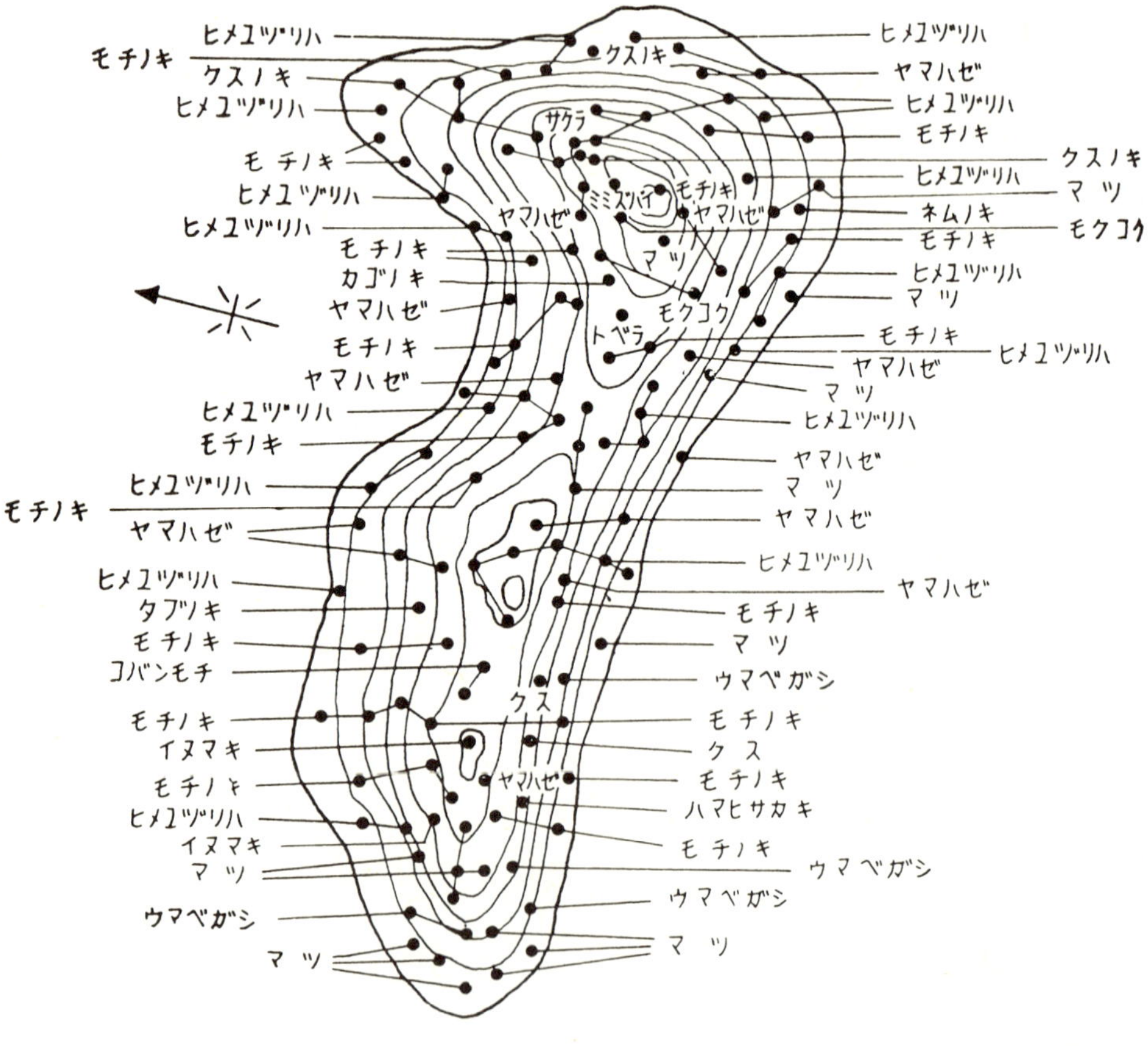

田辺湾神嶋顕著樹木所在図　其の一「こやま」(1934)

出典：『田辺文化財』1（1957）

※図中の「ウマベガシ」は地方名で、現在の正式和名は「ウバメガシ」である。

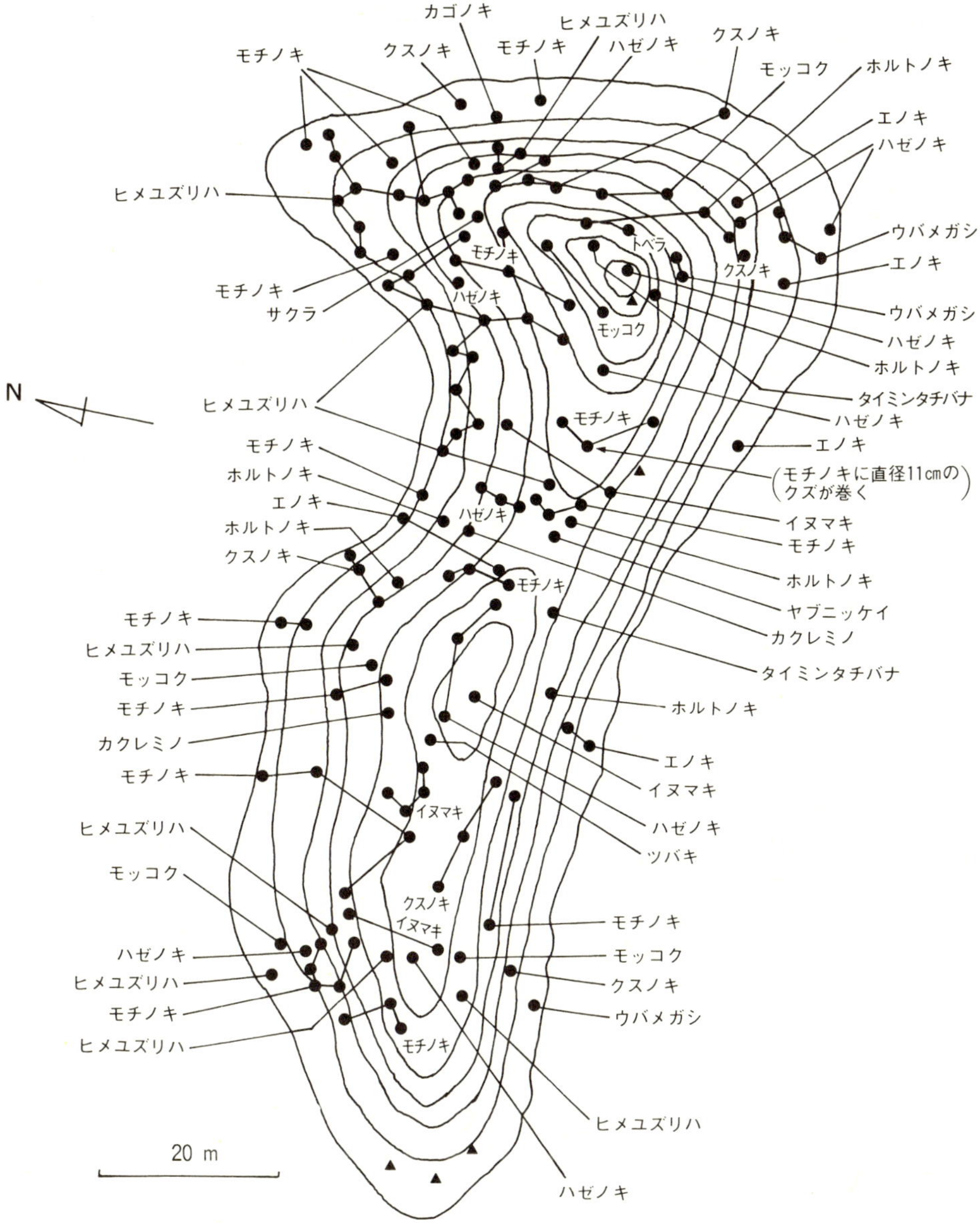

▲はマツの枯木（または株）　（144本）

神島顕著樹木所在図「こやま」（1986）

出典：『神島の生物』（1988）

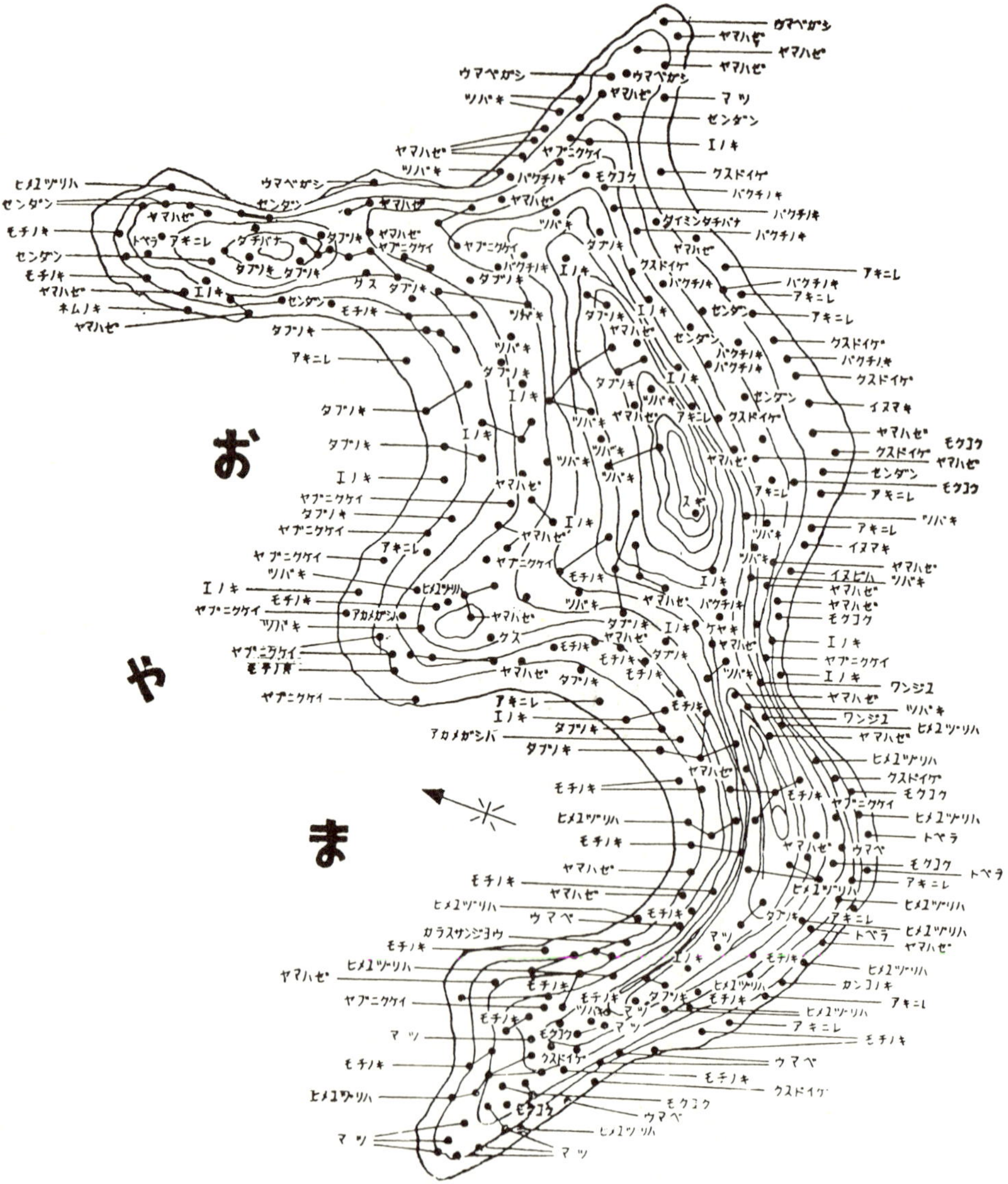

田辺湾神嶋顕著樹木所在図　其の二「おやま」(1934)

出典：『田辺文化財』1（1957）

※図中の「ウマベガシ」は地方名で、現在の正式和名は「ウバメガシ」である。

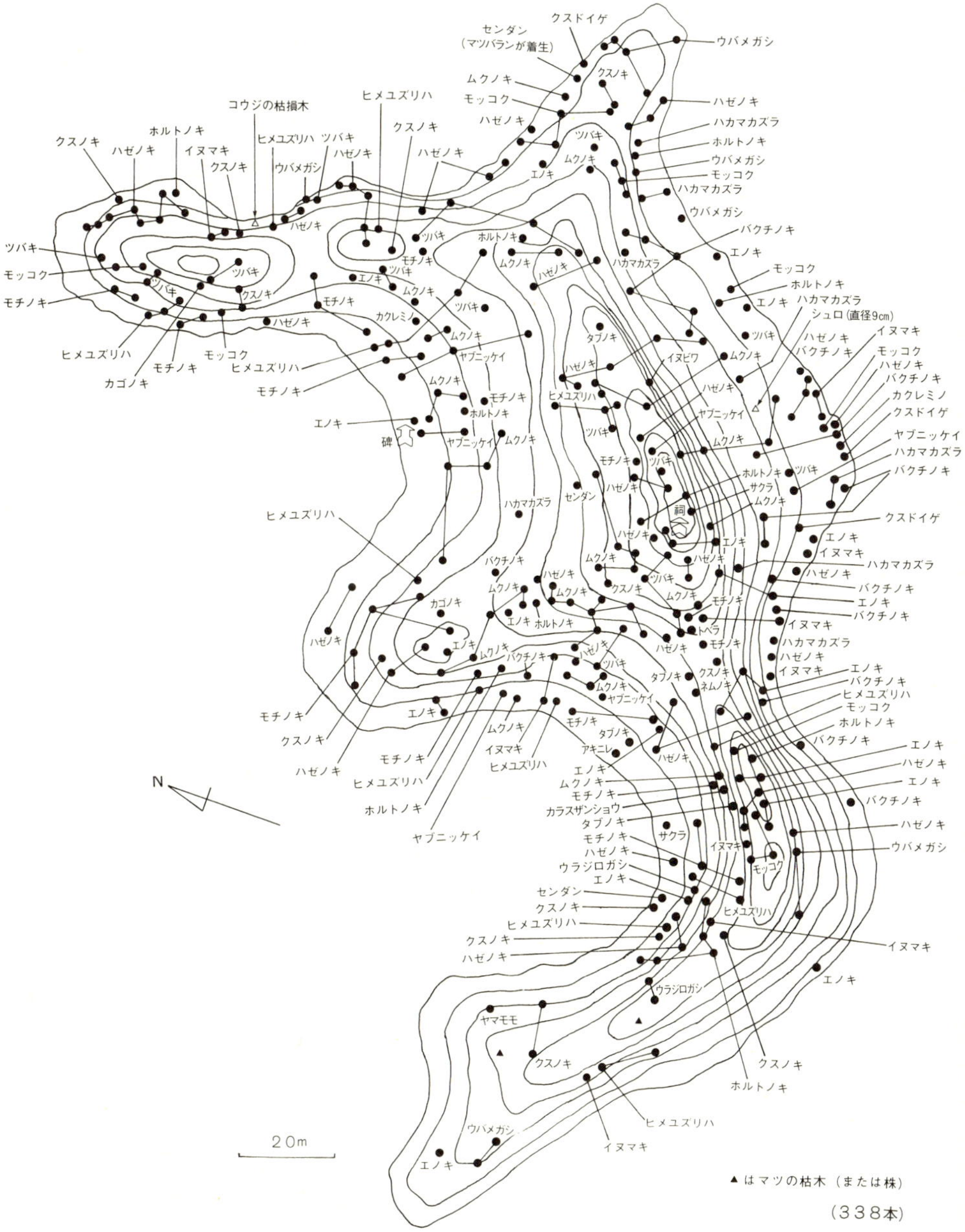

神島顕著樹木所在図「おやま」(1986)

出典：『神島の生物』(1988)

神島顕著樹木数一覧表（1934年・1986年）

樹種	おやま		備考	こやま	
	1934年	1986年		1934年	1986年
ハゼノキ	50本	57本	※胸径（胸高直径）25cm以上（1985）、以下同じ。	18	15本
タブノキ	39	4	△胸径20cm以上（1985）、以下同じ。	1	
モチノキ	35	26	※	35	37
ヤブツバキ	27	27	※		1
ヒメユズリハ	31	19	※	33	34
エノキ	21	26	※		7
ヤブニッケイ	18	9	※		1
アキニレ	15	1	△		
センダン	13	3	△		
クロマツ	14			20	
モッコク	12	16	※	3	7
バクチノキ	11	21	●胸径15cm以上（1985）、以下同じ。		
クスドイゲ	9	3	△		
ウバメガシ	9	12	△	5	6
トベラ	4	1	△	1	1
クスノキ	2	15	※	11	12
アカメガシワ	2				
ハカマカズラ	2	10	●		
イヌマキ	2	13	△	2	9
タイミンタチバナ	1		○胸径11cm以上（1985）。		2
ケヤキ	1				
タチバナ	1		コウジと思われる。		
カンコノキ	1				
ネムノキ	1	1	△	1	
カラスザンショウ	1	1	△		
イヌビワ	1	1	△		
サクラ		2	●	1	1
ミミズバイ				1	

カゴノキ		2	△	1	1
コバンモチ			1985年には見当たらない。	2	
ハマヒサカキ				1	
スギ	1				
ホルトノキ		15	※		8
ムクノキ		47	※		
カクレミノ		2	△		2
ウラジロガシ		3	●		
ヤマモモ		1	△		
不明	3		おやま（1934）の不明3は図中に種名の記録がない。		
種数	27	27		16	16
合計	327本	338本		136本	144本

出典：『神島の生物』（1988）

はじめは、私たちの測り違いかも知れないと思い、玉井さんらと何回も正確に測ってみた。しかし、確かに図と現地とでは食い違っている。こちらが正確だとすると、熊楠らの記録が間違っていることになる。しかし、ひとつふたつの食い違いなら「測定や記録のミス」で通るが、タブノキだけではなく、他の樹木でも多数違っているのが続出してきた。

この原因を調べるため、私は熊楠らの記録したタブノキの生育地点をくわしく調べた。その結果、両方の調査や記録はともに正しいことがわかってきた。熊楠らの記録したタブノキの巨木は、ほとんど枯れて朽ち果ててしまい、すでに土になってしまっていたのだった。

その土を掘り返してよく見ると、タブノキの朽ち木が分解してできた土が積み上がっている。土は暗褐色で粒が細かく、特有の感触があり、慣れると他の腐葉土とは簡単に見分けることができた。そして、当時「顕著樹木」に入らなかったやや小型の樹が、今では「顕著樹木」といえるような大木となって、すぐ側に立っていたのである。

このように、調査が進むとかつての神島の森の全体像を鮮明に描けるようになった。

まず、森の上で枝や葉を広げて、森全体の形をつくっていたのは、すべてこのタブノキであった。そのタブノキは「おやま」で熊楠らが記録したものだけでも三九本あり、根元の太さは、細いもので直径一・五メートル、太いもので二・五メートルを超すのが一〇本近くもあったことは確実だ。

「枯れて土になった樹の太さを、どうして測ることができたのか」と問われると、ちょっと答えにくい。たいへん難しい問題のように思われるかもしれないが、森の中にはじつに多くの手掛かりが残っているものだ。

大枝が損傷したタブノキ。胸高直径 80cm
(おやま北側、2001 年 4 月 16 日)

ひとつは先にも触れたように、タブノキ起源の土の盛り上がった部分を測ることだ。これは測るのは簡単だが、一般に樹の根元の広がりはそれぞれの木によって大きな違いがあるので、測定値はかなり割り引かないと実態に近くならない。しかし、各地の海岸林内のタブノキの古木を観察して、根元の広がり具合を知っておけばかなり確かなものになる。

もうひとつの手掛かりは、枯れたタブノキの株元に芽を出した小さなタブノキだ。ほかの樹木に覆われ、太陽の光も少なく、気息奄々《きそくえんえん》の状態で元気はないが、とにかく生きている。枯れかかった二、三本のタブノキを見つけて、その間を掘ると必ずタブノキ起源の土が出てくる。だから、この今残っている細いタブノキたちの間隔が、元の樹の根元の太さだと考えることができる。

森の中のほとんどの樹は、樹の勢いが衰えてくると、必ず根元から若芽を出して、生き返ろうとする性質がある。「枯れる前に新芽を出して若返ろうという生命力の現われだ」と考えると理解しやすい。ところが、この生き残りの木も、枯れるとさらにそのそばに新しい若芽を出す。そのため、樹が枯れるごとに少しずつ横へ移動することになる。私はこの現象を「樹が歩く」と呼んでいる。原生林では多数の樹が「歩く」ので、よほど注意しないと、本来の一株を数本の大木に読み違えることになり、全盛時代の森の本当の姿を見失ってしまう。

このように、植物たちは言葉として何も言わないが、いろいろな情報を絶えず私たちに提供してくれている。私はささやきかけているのだと思っている。この呼びかけを「聞くか聞かないか」によって、今後「人が自然の中に溶け込んでいけるか」「人がだ

タブノキが朽ち果て、土に。右の若木は元のタブノキの脇芽が成長したもの（おやま、1986 年）

んだん自然離れしていくか」が決まるだろう。

森の中の仕組みは一見、複雑なように見えるが、原生林のような深い森では、かえって規則正しい仕組みになっているものだ。神島の場合、太陽の直射日光を受けて成長した大木（タブノキなど）が、森の最上部《林冠《りんかん》＝高木層》をおおい、その下に少し木陰で育つ樹（バクチノキなど）や森の上まで伸びきれない樹《亜高木層》がひしめいている。

その下には湿った木陰で生きていく（マンリョウなど）背丈の低い樹《低木層》が育つ。さらに、その下の地表にはシダ（ホソバカナワラビなど）やコケのような湿った日陰を好む植物が密生する。このような森の下草に当たる植物群を《草本層》と呼ぶが、なにも草だけではなく、ヤブコウジ、ツルコウジなどというような、ごく小さい樹もたくさん生えてくるし、高木の芽生えや小苗もたくさんまざっている。フウトウカズラのようなツル草の葉も密生する。また、暖かい地方の森ではツル植物（ハカマカズラ、テイカカズラなど）がきわめて多い。これも神島の特徴のひとつだろう。

このように森の中では、将来大木になる多数の木が、他の大きい木に押さえられて、伸び悩んだまま辛抱し、成長できる機会を待っている。その機会とは、森の上側を覆っている大木が台風とか雷で突然に倒れ、ぽっかりと空が見えるすき間ができ、太陽の光が差し込むときだ。光が入ると、今まで我慢していた木はいっせいに伸びる。

神島の下草にはシダなどが密生。写真のシダはホソバカナワラビ、左上はウラシマソウ（1993年6月16日）

逆に、木陰でないと生きていけない植物たちは、光が入ると枯れかかってくることになる。それでも、すぐにツル植物などによって森の上側が閉ざされると、まわりから日陰の植物が広がってきて、また元の安定した森になって落ち着く。そして、競争に敗れた多くの小さい樹たちには、また長い辛抱の時代が続く。

　このような見方で、タブノキに焦点をしぼって追跡した結果、昔のままの神島の森のおもな部分の形が、おぼろげながら浮かび上がってきたのだった。

海岸のクロマツ消滅
——アキニレもわずか一本に

　タブノキに次いで姿を消したのはクロマツだった。私たちが調査を開始した一九八三（昭和五十八）年当時、神島のまわりには、すでに数本の枯木が白骨のように突っ立っていた。

　クロマツは日本を代表する樹木であるように考えられがちだが、どうやらこれは間違いで、本来、昔のままの日本の森では、海岸線の岩場などにわずかに生きていただけに過ぎない。

　「白砂青松」を日本本来の景観だというのは、クロマツやアカ

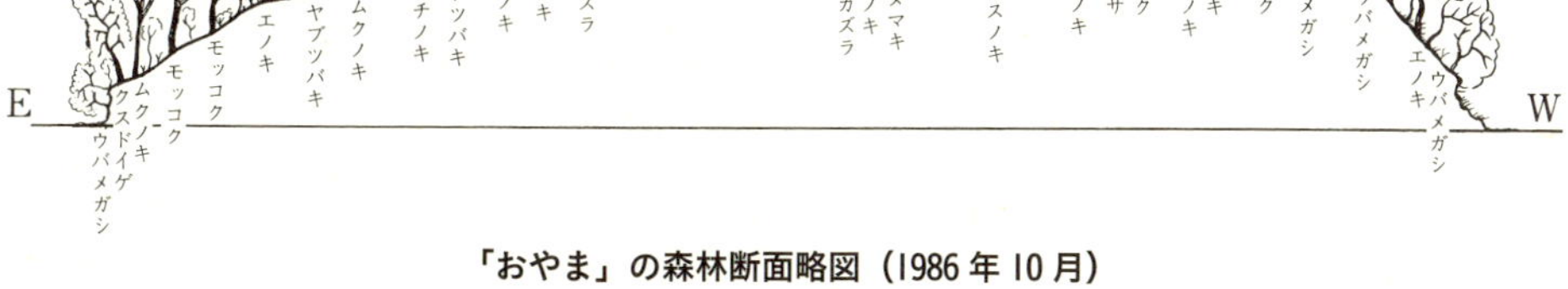

「おやま」の森林断面略図（1986年10月）

出典：『神島の生物』(1988)

マツを防風林や砂防林として海岸に植え、きびしい自然の脅威から人々の生活を守り、自然との協調を配慮しながら生き続けてきた「日本の風景」の表現であって、これは日本人の文化的遺産ではあるが、決して日本の自然そのものの姿を言い表わしているのではない。

その証拠に神島でのクロマツは、島の周縁部の岩壁上に点々と生育していた。これらのクロマツは一四本と数が少なかったが、樹高二〇メートルを超す大木であって、なかには三〇メートルあまりのものさえあったという。しかも、その枝葉の大部分は、海の上に突き出ていたというから、外側の磯の岩上に生え、内部の大森林をまもっていたことがわかる。

このような海岸の原生林の仕組みを考え、生態系の中でのクロマツの役割を見て、昔の日本人は「防風林や防潮林にクロマツやアカマツがとくに優秀だ」と知ったのだろう。

海岸の岩上に生えたクロマツは、樹齢百年から百五十年で枯れてしまうことが多く、スギやヒノキのように樹齢八百年とか千年などというような長生きはしない。しかし、海岸の岩地ではあとから引き続き次々と生えてくるので、長寿の樹のように思われているのかもしれない。

ともかく、神島のクロマツは昭和三十年代後半から始まった「松くい虫騒動」のマツ枯れで、巨木も古木もみんな枯れた。その後、小さな木が数回にわたって芽生えたが、やがてそれも枯れてしまった。

アキニレも激減した樹である。一般に「ニレノキ」と呼ばれるのはニレ属の中でもハルニレのことで、北国の寒い地方ではニレ属はいくつかの種に分かれ、とにかくたくさん生えている。そのなかで、南日本に分布するのはアキニレただ一種である。

このアキニレは森の中には育たない性質がある。森が発達する前の草地に、いち早く生える「先駆的」

な樹木で、種子にはうすいハネがついていて、風で運ばれて遠くへ飛んでいく。一般に草地に早く生えてくる樹には落葉樹が多く、種子は風や野鳥に運ばれてくる。

マツなどもその代表者で、やがて森が深くなると落ち葉が積み重なって土ができる。そうなると、最初に生えた樹は、次第に樹勢が弱まって、やがて枯れてしまう。

神島のアキニレも大木で、浜や磯の側だけに点々と一五株が生育していた。しかし、調査当時は一株だけになり、それも枯れ、一九九八年の台風で倒れた。この一株は胸高直径六〇センチを超え、アキニレでは考えられない大木だった。生育地点は浜の水際である。このため、調査員一同、「根の半分以上が海水に浸されているのに、百年間もよく生きてきたものだ」と感心したものだった。

海岸部に広がるクロマツの枯木。左は「こやま」、右は「おやま」(1980年代)

枯れたタブノキの跡を埋めた木々

枯れたタブノキなどの空間を埋めたものに、クスノキ、イヌマキ、ホルトノキ、ムクノキ、エノキなどのような樹木がある。

【クスノキ】

昔から神社林に多く植えられ、最近では公園樹や街路樹によく利用されている。巨大な樹に成長することでもよく知られている。昔から照葉樹林（常緑広葉樹林）の代表種であるかのように考えられているが、実際は森の中には少なくて、林縁《りんえん》や単木として生えている。

常緑樹の中では、日当たりのいい地に生える性質をもっている。だから、神島にタブノキが森の全体を覆っていた昭和初期までは、生えていても成長が抑えられていた。タブノキの大木がなくなったあと、このときとばかり、樹勢が回復したのであろう。大きいものでは胸高直径が一メートルもある。

クスノキは熊楠の時代には、「おやま」で二本、「こやま」で一

台風で大枝が損傷したクスノキ。しかし、荒れた森では回復しやすい樹種だ（おやま、1998年9月25日）

一本記録されているが、私たちが調査した昭和の末では、一五本と一二本となっており、「おやま」では激増している。これは、「こやま」は昭和初期から浅い森であったのに対し、「おやま」はかつてクスノキが成長できないような深い森だったのが、一九三五（昭和十）年以降から森の環境が悪化し、クスノキが成長できるようになったためである。

【ホルトノキ】

江戸時代に平賀源内が「オリーブの木」と間違ったために、こう名づけられた樹として知られている。当時オリーブのことを「ポルトガルの木」と呼んでいたからだ。関東南部以西に分布する暖地性の常緑樹で、落葉する葉が深紅になるので、年中、枝先に数枚の紅葉が見られる。和歌山県下の神社林にはきわめて多く、なかには胸高直径一メートルを超すものも珍しくない。

現在の「おやま」には中央部の森林内に一五本もあり、神島の森を代表する樹のひとつとなっているが、昭和初期には熊楠は一本も記録していない。これは明らかにタブノキの大木が枯れた跡から急成長したものだ。森の中でホルトノキの根元をくわしく観

「おやま」に急増したホルトノキ。枯死したタブノキの「空間」を埋めている（おやま、1998 年 7 月）

察すると、昭和初期でも胸高直径五〇センチを超える大木が生えていたとみられるが、その程度の太さでは南方熊楠のいう「顕著樹木」の範囲には入らなかったのだろう。

【ムクノキ】

人家周辺やまちなかの神社に生えている落葉樹で、人目を引くほどの大木になる。昭和の末の「おやま」には四七本もの大木があり、遠目には「ムクノキの森だ」というような感じを受けるほどだ。ところが、昭和初期の熊楠の図には一本も記録されていない。条件さえ整えば成長の早い樹だから、森が安定していた昭和の初期には、多くはなかったのだろうと思われるが、この時の太いものは直径が七〇センチ、樹高が一八メートルもあった。直径五〇センチを超す大木の大部分も、昭和初期にはタブノキのすき間に細々と生えていたのだろう。

ムクノキはよく肥えた平地に生え、成長がすこぶる早い。この樹の生育環境はタブノキとそっくりで、市街地や人家周辺で多く見かける。だから「この樹の生えている地点はかつてのタブノキの森だった」と考えれば、まず間違いはない。

タブノキが枯れて森が荒れると、代わってムクノキ（右側の太い樹）が成長した（おやま、1985年）

このようにムクノキは照葉樹林が壊れると増えるが、長い年月かけて森が次第に茂ってくると、だんだん樹勢が弱まり、やがて枯れてしまう。だから、ムクノキが枯れるのは森が荒れたためではなく、むしろ森が発達したためといえる。照葉樹林でムクノキが枯れても心配する必要はなく、みんなで喜んだらいい。

神島の一部で、昭和の終わりごろから、このような現象が始まっている。「おやま」の浜に建てられている熊楠の歌碑の後ろ側の森の中にムクノキの大木があり、その根元にコフキサルノコシカケという巨大なキノコが生え、年々成長して一九九六（平成八）年には直径六〇センチを超す巨大なものになっていた。深い森の中ではムクノキの幹の芯が枯れてきている証拠だと考えたい。

このサルノコシカケは、発育の途中で何者かに採取され、一時小さくなったが、その後ますます大きくなった。熊楠にかかわりのある神島のものだから置物にでもするつもりだというのかもしれないが、国指定の天然記念物だと知りながら、盗み去る人まで現われたのはじつに嘆かわしい。私たちは本当にがっかりした。

【エノキ】

ムクノキに似ているが、葉が小さくて、樹皮がムクノキのように縦割れしないでかなり滑らかになるのがエノキだ。性質はムクノキと同様、森林とくにタブノキ林の荒れたあとに生えてくる。秋には赤褐色の実をつけ、食べると少し甘みがある。昔は田辺付近でも「ヨノミ」と呼んで、子どもたちのおやつになった。

先年、神島で南紀生物同好会の観察会をしたとき、京都大学の村田源氏がエゾエノキを発見し、記録している。北方寒冷地に分布し、和歌山県下では高野山や護摩壇山《ごまだん》、大塔山系《おおとう》などの山地で知られている樹だ。エノキに似ているが、葉に毛が多く生え、葉の縁にギザギザが多く、実の色は熟すると黒くなるので区別できる。

エノキに類似した樹にケヤキがある。この樹も、山地の渓流沿いに生える植物で、海岸近くではあまり見かけない。これも神島で記録されているが、最近の調査では発見されていない。

エゾエノキやケヤキが神島に生えていたことは「きわめて珍しいこと」といわれてきたが、最近になって、紀伊半島南部の海岸線では「さほど珍しいことではない」ということがわかってきた。

枯れたムクノキの根元に生えるコフキサルノコシカケ。この直後に盗採された（おやま、1994年10月）

3

神の森はなぜ激変したのか

森の様変わりを考えるために、私たちは主要な樹木が枯れた要因を探る仕事を始めた。これもまた容易なことではない。枯れた樹を直接一本一本調べて、「これは台風による倒木だ」「この枯れ木の虫くい穴から見てカミキリムシ類の食害に違いない」など、それぞれの原因を調べ、決定づけても、それで「万事完了」とはいかないからだ。

台風で倒木の出ることはわかるが、台風で森が荒れて枯れるほどの被害があるのなら、その原因は別のいくつもの原因が重なりあっているはずだ。というのも、「台風の強風でたくさんの倒木ができ、森林そのものがなくなるのならば、台風銀座といわれる紀伊半島の海岸線に、こんな大森林ができてくるはずがない」と私は考えたわけだ。

また、「害虫によって多くの樹が枯れるのなら、今までにこんな大木や古木が育つはずがないじゃないか」というような論理も成り立つ。立派な森が枯れていくということは、じつにたくさんの原因が潜んでいるのである。

以下おもな樹の枯れた原因を、それぞれ別個に考えてみよう。

マツ林は衰弱によって害虫が発生

昭和三十年代に入り、西南日本の各地で「松くい虫の大発生でマツ林が枯れていく」と言われ出した。マツ枯れ現象は昭和の前半にもたびたびあり、各地で「マツ林がなくなる」と話題になった。しかし、それらは狭い地域だけであり、短い期間で終わった。

ところが、昭和三十年代に始まったものは西南日本全域から関東北部にまで広がる規模で、平成に入った現在でも延々と続いている。枯れてしまったアカマツ林の跡地に、再び生えてきたアカマツの若木まで枯れていくのであるから、「マツが枯れる」のではなくて「マツ林が育たない」のである。「これはただごとではない」と誰もが思ったはずだ。

このマツ枯れの原因について多くの学者が研究に取り組んだ。その結果、いくつもの仮説が立てられたが、その中で「マツノザイセンチュウという微小な線虫によるものである」という説がもっとも有力になった。「微細なマツノザイセンチュウという虫が、マツの体内の水路にあたる仮導管に入って大繁殖し、マツの樹を枯らしてしまう」というのだ。

しかも、センチュウには移動能力がないため、大型甲虫のマツノマダラカミキリがセンチュウの運び屋になっているという。ここまでくわしく調べると、微妙な自然界の仕組みの奥底にまで深く分け入って究明できたという感じがする。また、このように説明されると誰でも納得させられる。だから、全国で「マツノザイセンチュウを焼き殺せ」「センチュウの運び屋マツノマダラカミキリを殺せ」と、人体に危険な農薬を大量散布しても国民は黙って辛抱した。

しかし「なぜマツノザイセンチュウがこの時期に突然に増えたのか」「この虫でマツ林が消えるのなら、なぜ今までマツ林が育ってきたのか」という素朴な疑問点を出しても、いっこうに耳を傾けてもらえなかった。私は「マツ林がなくなってしまったら、マツノザイセンチュウも絶滅するじゃないか。自然界の中に、このような不自然な現象があるはずがない」と、農薬散布する行政や関係機関に反対した。農薬を大量使用することで莫大な利潤を得ている人たちは、まるで正しいことをやっているような顔をして強行した。しかし、私たちは神島だけには散布させなかった。

そもそも害虫というものは、自然の仕組みが荒れることによって特定の昆虫（小動物）が異常に増え、人間や人間にとって価値ある特定の生きものの生活を害するようになったものを指すのであって、むしろ害虫の発生は、原因ではなくて結果なのだ。「それでなくては、自然は成り立たないのではないか」と、私はつねづね考えていた。マツ枯れの場合も、「害虫によってマツ林が枯れてきた」のではなく、「マツ林が衰弱してきたので害虫が発生した」と考えるほうが、はるかに筋が通っているのではないか。

大地震で枯れたアキニレ

アキニレはニレ科の落葉樹で、南日本に分布している。落葉樹林帯のハルニレは北海道の原生林の構成樹であるが、照葉樹林帯のアキニレは森林内で生育できない。したがって、普通は川縁や林縁に単木で生え、森の中には生えない。この性質を知った上で、神島のアキニレについての調査資料を見ると、この樹の枯れた本当の原因は簡単に突きとめられた。

それは南海大地震である。一九四六（昭和二十一）年十二月のことだが、地震によって田辺市付近の地盤が約一メートル沈んだ。これは紀伊半島南端の串本や潮岬《しおのみさき》付近が一メートル以上跳ね上がることとつながっている。つまり、南海大地震は約百年かかって曲がってきた紀伊半島が、突然、元の形に戻るときの「大揺れ」なのだ。

1本だけ見つかったアキニレの大木。この樹もその後の台風9807号で倒れ、枯れてしまった（おやま、1986年）

和歌山県下の湯浅町から田辺市にかけて広い地域で陸地が一メートルほど下がると、海岸や浜辺ギリギリに生えていた植物が海水に浸されて枯れたわけだ。枯れた大部分の植物は浜に生えていたハマエンドウやハマゴウなどのような海浜植物や、トベラのような海岸に生える低い木である。

神島では、アキニレの約百年生の大木が、「おやま」だけで一四本も枯れてしまった。一本だけ残ったが、それも台風で倒れてしまったことは前にも触れた。枯れてから約五〇年、元の生えていた地点にはアキニレの生えていた跡はまったく残っておらず、熊楠らの記録に頼るしかない。

環境の変化に弱いセンダン

楠本定一著『紫の花天井に――南方熊楠物語』で、熊楠が最期に見た花として一般に広く知られるようになったセンダンは、「おやま」には一三本の大木があった。現在では大木はないが、老木らしきものが三本生き残っている。しかし、生えている地点が違っているから、熊楠の時代のものは別のもっと大きい大木だったのだろう。

この樹は日本では落葉樹であるが、じつは東アジアの亜熱帯に生育する暖地性植物で、日本列島の南部から中国大陸にかけて分布している。

神島に古くから野生していることは、熊楠らによって記録されているのに、どういうわけか、最近までに発行された各種の植物図鑑には、本州に自生しているとの記載がほとんどない。理由として考えられるのは、センダンは暖かい南日本の各地では庭木などに栽培されていて、「どこでも見られる」からではないか。古くから人家周辺や各地の庭園、公園に見られるものはほとんど栽培されたものか、その種子から繁殖したものだ。

神島に生育しているセンダンは、見たところ明らかに原生林の中に自生しており、人手によって植えられたものではない。それを確認しないで、熊楠の報告書や記録を無視してしまう行為に対して、熊楠は「研究者、学者としてじつにけしからん」と怒り続けたに違いない。私も腹を立て続けている。

センダンは暖地の樹であるが、湿った森の中を嫌い、照葉樹林では林縁部に生える。センダンの実はヒヨドリやツグミ、ムクドリなどの野鳥がことさら好むため、彼らによって広い範囲に種まきが行

センダンの花。神島の森には昔から自生していたが、長く学会から認められなかった

なわれ、日光のあたる林縁部で多数発芽している。

神島で昭和の初めごろに生えていたセンダンの巨木は、やはり神島の中央部ではなく、潮風で絶えず枝葉の枯れる林縁部に点々と生育していた。

このような深い森林、とくに照葉樹林では、センダンは暖地の植物であるだけに、日本本土域では性質的に弱い立場にある。タブノキなどの大木が枯れるような環境悪化の事態になると、早く枯れてしまう。しかし、大木が枯れて林床《りんしょう》に日光がさしこむと、いち早く生えてくるのもまた、このセンダンである。

明治の一部伐採で広がったタブノキの枯死

神島の大森林を構成していたタブノキはなぜ枯れたのか。これは神島における森林の変遷でもっとも難しくて大きな問題である。私たちはこのもっとも困難な課題に取り組むに当たって、南方熊楠らの作成した「田辺湾神嶋顕著樹木所在図」を詳細に検討してみた。そこで最初に気がついたのは、「おやま」には三九本のタブノキの大木があったのに、「こやま」には一本しかなかったことである。

ふたつの小島の地形はまったく異なり、「おやま」は大きくて平坦であるのに対し、「こやま」は小さくて高く急峻である。タブノキは表土の厚い肥沃地に生育する性質があるため、神島を最初に見たときは、地形や立地条件によって規則正しく植生が異なっているものだと考えていた。ところが、神島を長い年月にわたって観察していると、それは明らかに誤りであり、「こやま」の元の植生も、やはりタブノキを中心に構成されていたものであるとの結論に達した。それは、神島の地質に起因している。

田辺地方の地質は新生代の新第三期に所属するきわめて新しいものである。この地を構成している地層には、緻密な泥岩層と粗粒の砂岩層があり、さらに小石を含む礫岩《れきがん》もある。それらはともに数メートルに達するほどの分厚さであるという。

神島もこのような砂岩や細粒の礫岩で形成されているため、樹木の生育には好条件である、適度な保水性と排水性をもっている。このような立地条件を考え合わせると、「おやま」はもちろん、「こやま」もまた、タブノキの森林で覆われていたと考えなければならない。

熊楠が記した「紀州田辺湾の生物」（『南方熊楠全集』第六巻所収）には、「田辺湾内で目ぼしい処は、何といっても神島だ。すでに神島と名づく。この島の神が湾内を鎮護すると信ぜられたるの久しきを知るべし。諸島中最も大きく、周《めぐ》り九町、二つの小山東西にわかれ立ち、岩平らかな地峡で維《つな》がれ、大潮ごとに地峡も海となって一つの島を両分する。東の山は樹木鬱蒼、古来斧で伐られず。西の山は明治十五年ごろ一度禿《はげ》にされたが、今また茂りおる。二つなが

神島を代表するタブノキも数十年前から枯死が目立っていた（おやま、1953年）

ら、この地方草木の自然分布の状態をみるに最好の場所である。新庄村鳥の巣という小さい岬より西の海上三町ばかりにこの島あり」とある。「西の山」とは「こやま」のことだろう。

「神島の調査報告」(『南方熊楠全集』第一〇巻所収)などによると、神島では一九一一(明治四十四)年、新庄村の小学校舎改築費用に充てるため一部の「下木《したぎ》」が伐採されたという。昭和に入ると、今度は島に上陸し、植物を持ち去る者が続出した。熊楠らは「神社合祀令」から始まったこれら一連の暴挙によって貴重な照葉樹林が消滅してしまうことを憂え、保安林指定、天然記念物指定を思い立った。一九三五(昭和十)年に神島は国指定の天然記念物となった。その後、神島は人手による開発から完全に隔離された。

このような経過の中で、「おやま」のタブノキの巨木は枯れ始めた。台風が通過するごとに倒木があった。小枝をなくして巨大な棒状になったものもあった。神島の観察を継続された太田耕二郎先生によると、枯れたタブノキにはカミキリムシなど昆虫類の穿った穴が無数に見られたし、巨木の幹が空洞化して多数のキノコ類の発生も見られたという。

また、巨木を倒した台風は、第一室戸台風、第二室戸台風、ジェーン台風というような歴史に残る猛烈な台風だけでなく、例年通過する小型の台風でも深刻な被害を受けたとメモされている。

太田先生のこのメモに従えば、「タブノキの枯れの原因は台風である」ということになる。しかし、タブノキが倒木となったもうひとつの原因として、「樹木の害虫や菌類が大発生したためにタブノキの巨木

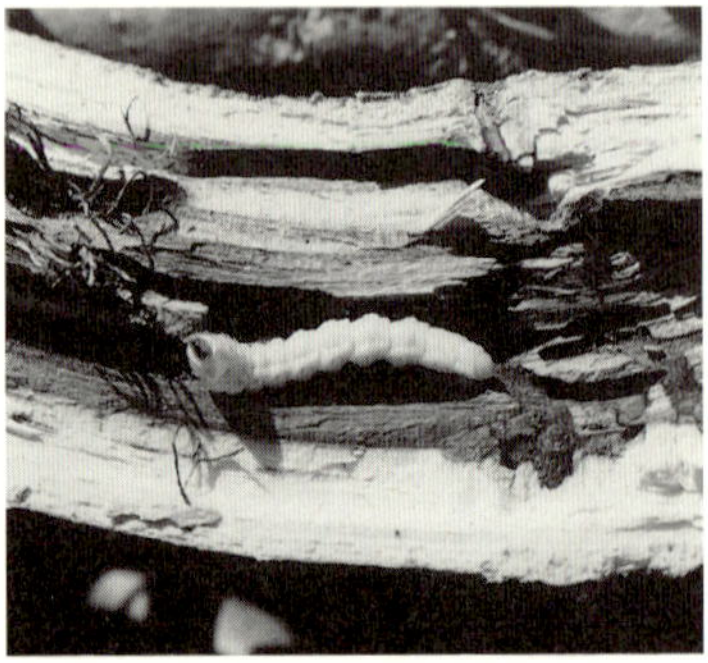
衰弱したタブノキを食べるホシベニカミキリの幼虫(田辺市秋津町)

が枯死した」ということも忘れてはならない。

ここでタブノキの枯れた原因をもう一度整理してみると、次のような問題点が浮かび上がってくる。第一は、前にも触れたように、台風で森林が枯れるのなら、いつも台風の通過する紀伊半島南部の、しかもこんな海の中の小島に、このような大森林が発達するはずがない。第二は、病害虫の大発生は明らかにタブノキの樹勢が衰弱していることを示すものであり、昆虫や菌類の大発生は原因ではなく、むしろ結果である。

では、タブノキを枯らした真の原因はどこに潜んでいるのか。

昭和の年代に入ってから、神島は「現人神《あらひとがみ》である天皇の行幸を仰いだ聖地」である上、「国指定の天然記念物」であるため、まったく人手が加わっていないと考えられる。とすれば、神島の森の巨木消滅の原因は、指定前にさかのぼって、明治の一部伐採にあると考えなければならない。

道路建設で激変した江須崎――荒廃した原生林

森林の一部が伐採されたり、森林の周縁部に道路開設をしたりすることによって、やがて森林全体の荒廃が進行するという事実がある。これは重要な問題だ。私は先に、紀南のすさみ町で、幅員わずか二メートルほどの周遊道路によって、江須崎の原生林がすっかり荒廃し、林相が激変した経過を観察、調査してきた。

一九五五（昭和三十）年までの江須崎は西南日本の照葉樹林を代表する大森林であり、国指定の天然記念物であった。多種多様な巨樹、巨木が繁茂し、大木のようなツル植物がはいまわり、大型シダ植物の密生した森林に入ると、そこが海岸の小島であるとは考えられないほどの深い森であった。

一九五七年、すさみ町はここに周遊道路を開設した。ねらいは観光開発である。高度経済成長政策によって、いち早く深刻化し始めた紀南地方の過疎問題に対して、地域の活性化をねらっての動きと見られる。これは県観光行政の方針によるものでもあった。

一九六〇（昭和三十五）年ごろ、まだ道路の舗装もされておらず、観光客の訪れもまばらなのに、この道路周辺から森林の荒廃が始まった。胸高直径一メートルを超す巨木が白骨のようになり、次々に枯れてきた。

一九六三年春、田辺高校生物部の生徒に野外学習の指導をしていた私は、この兆候を重視して各関係行政機関に「原生林の中の道路開設の危険性」を警告した。国指定の天然記念物を観光という営利のために開発することを簡単に許可した県や国のやり方に我慢できなかったからである。

近年の江須崎。かつてこの森の樹高はこれより５～６ｍ高かった（2002年10月）　〈紀伊民報提供〉

私の警告に対して、開発側の人たちから激しい非難もあったが、一部には支持者もあり、マスコミの支援もあった。結局、町側は車の乗り入れを禁止した。しかし、道路とその周辺にあった大木は枯れ果て、ススキや背の低い海岸植物が密生した草地になった。それから五年後、この草地はトベラやハマヒサカキなどの密生した低木林に発達し、二〇年後には海岸性の樹林になった。

このように原生林が枯れると、やがて別のタイプの森林に、質を変えて回復していくことが確認された。しかし、樹木の枯れは中央部の巨木林に移行し、伊勢湾台風の直撃でも枯れなかったこの大森林が、毎年通過する小型の台風でもなぎ倒されるようになり、無残な姿を見せ続けている。

荒廃が始まって約四〇年が経過した現在、荒廃後に発達した海岸林は樹高一〇メートルを超す森林となった。樹種も豊富で、林床のシダ植物やツル性植物も多種多様であり、森林が回復したことは一見してわかる。しかし、中央部の主要な森林の荒廃はいまがもっとも盛んで、巨木の立枯れや倒壊がいたるところに見られ、樹下から空が見えるという惨状であ

江須崎の周遊道路周辺は、大木が枯れススキ原になっていたが、半世紀近くたった今、低木の森に回復しつつある（すさみ町の江須崎で、2002年10月）
〈紀伊民報提供〉

る。しかも、この荒廃は当分、止まる見込みがない。

巨木の衰弱を示す株の根元からの萌芽や、食害性の昆虫の大発生もみられる。かつて高さ一メートル以上もあった下草のカツモウイノデやコクモウクジャクなどのシダ植物は、五〇センチ程度の小型のものになってしまった。

いまも、江須崎原生林の姿を観察するため訪れる人は少なくない。この森林で生き残り、そびえ立っている巨木を見て、初めての人は「すばらしい大森林だ」「これが本来の照葉樹林の姿なのだ」と感嘆の声を上げるが、開発前の姿を知っている人は、その惨憺たる荒廃ぶりに声も出ないのではなかろうか。

突堤でつないだ稲積島——数年後に漁場が消滅

すさみ町の湾口に、原生林に覆われた稲積島がある。この島と陸地側とは大規模な突堤でつながっている。この突堤の初期建設にあたって南方熊楠は、反対声明のような手紙を地元の有力者に送っている。熊楠独特の長文で達筆。その上難

稲積島。典型的な照葉樹林として国の天然記念物に指定。左すそに突堤がつくられ、陸とつながった。陸側から見えない島の裏側の森は一度枯れ、原生林ではなくなっている（2000年4月）　〈紀伊民報提供〉

解ときているから、容易に読めるしろものではなかった。そのため「南方さんも反対らしいで」という程度で、熊楠の意見は理解しきれなかったらしい。

この地域の磯はイセエビをはじめ、アワビ、ブダイ、ウツボなど魚介類の多産地で、磯釣りの好適地でもあった。工事が完了した翌年からは、以前の漁場に加えて、新しい突堤の両岸にも魚介類が集中した。地元では、湾内が平穏になったうえ、漁獲高が飛躍的に増えたと、大変な喜びに沸いた。

ところが、三年後に獲物が少なくなり始め、五年後には湾内の磯にゴミと泥の堆積が目立ち始め、ついに漁場は消滅してしまった。突堤はその後数回、改修・強化されて現在に至っているが、湾内の磯は埋没し、やがて埋立て地となった。いまは広い住宅地になり、元の磯辺を国道四二号が走っている。この状態からは、昔の姿を想像することはできない。

突堤の完成後一〇年ほど経過したころ、稲積島の南東斜面の森林が島の頂上近くまで枯れた。強固な突堤にさえぎられた台風時の高波が、島の南東斜面に強くぶつかるようになったためである。打ち上げた荒波がトベラやマルバシャリンバイ、ウバメガシなどからなる海岸林を枯らした。この海岸林は内部のスダジイ林の生育を支えていたが、海岸林の欠損した部分から海水を含んだ強風が容赦な

枯れたヒメユズリハの木。海辺のクロマツやアキニレが枯れたのがひびいたようだ（おやま、1980年代）

く原生林を襲い、壊滅させたのであろう。

その後森林は回復しているが、この部分だけは原生林ではなく、モチノキやヒメユズリハ、ウバメガシ、トベラ、ヤブツバキなどが混生した「普通の海岸林」にすぎない。海上の防波堤が離れた地点の森林を枯らす現象は日本の各地にあるのだろうが、一般にはなかなか気がつかないらしく、このような指摘例がない。


このような原生林の荒廃した実態から推察すると、神島の一部で木が伐採され、その結果、島全体の生態系が徐々に不安定化し、「おやま」を覆っていたタブノキの巨木の生育を阻害し始めたと考えられる。

昭和五十年代から昭和の末期にかけ、神島の森林はさらに少しずつ荒廃している。昭和三十年代後半にクロマツがいっせいに枯れたが、その結果として島の周縁部の樹林に点々とトベラ、ウバメガシ、ヒメユズリハなどの枯れ木が目立ちはじめた。このように、森林では原因と結果との間に長い年月がはさまっており、この時間を考慮しなければ、人の目には見えないものである。

4

神島の森を特徴づける植物たち

昔から、「神島には亜熱帯性の珍しい植物が密生している」と田辺市周辺の人々は信じてきた。昭和初期までの神島の森の景観は、それを思わせるだけの大森林であったし、江戸時代から調査に訪れた著名な本草学者の顔ぶれを見聞きしただけでも納得させられる。

さらに、昭和天皇の行幸を仰ぎ、南方熊楠らは国指定の天然記念物に推薦するために多少誇張しているから、「珍しい植物の宝庫だ」と考えるのは当然であろう。しかし、すでに述べたように、神島の森の天然記念物としての価値は、あくまでも「残されてきた日本本来の照葉樹林」なのである。南方熊楠はこの辺の呼吸がよくわかっていて、珍奇な動物や植物がなければ重要視しない風潮に怒りながらも、それをうまく利用しているようにもうかがえる。

したがって、神島を見学に来られる人々の大多数は、開口一番、「神島に生えている珍しい植物はどれですか」と問いかけてくる。田辺市に住み、神島の調査を続けている私にとって、これはもっとも対応しにくい質問である。なぜならば、すでに神島の森にはタブノキの巨木は二株しかないし、もともと、とくに取り立てていうほどの珍しい植物は生えていなかったからである。

この事実をはっきりいうと、来訪者は失望するだろうが、私としては間違ったこともいえない。このような経緯から、神島に生育していることで注目されている種について、神島をもっとも特徴づける植物、ハカマカズラから始めたい。

ハカマカズラ——神島北限説にこだわった熊楠

別名は彎珠《わんじゅ》。沖縄県の各島から紀伊半島まで分布している亜熱帯性のツル性植物で、昔から「珍しい植物」の代表とされ、多くの人々から親しまれている。ハカマカズラがなぜ有名になっているかについてはいくつかの理由がある。

第一は、古い時代から数珠の材料として利用されてきたことであろう。種子は黒くて平たい球形。乾燥するときわめて硬い。江戸時代に地元田辺の新庄村では、数珠の材料として、京都方面へかなり多く売り出していたという。

第二に、一九二九（昭和四）年に昭和天皇が神島へ行幸されたが、その目的のひとつはハカマカズラの観察であった。江戸時代に訪れた多くの本草学者も、ハカマカズラを見るために神島に渡っているから、よほど古いころから珍しい植物であることが知れ渡っていたのであろう。

第三の理由として、「北限分布地」があげられる。明治以降日本の植物学も欧米化し、採集・分布の調査研究などは飛躍的に進歩した。その中で「本州におけるハカマカズラの北限分布地は田辺湾神島だ」が定説となった。おそらく、江戸時代に多くの本草学の文書に取り上げられ、ものをいったのであろう。

さらに、第四の理由として葉の形があげられる。和名の意味は「袴蔓《はかまかずら》」であって、まるくハート型の葉の先端部が深く切れこんで、特異な形をしている。そのうえ、葉脈も特異で、主脈を抱えた二本の支脈がはっきり見える。

私が古い資料を調べたところ、昭和天皇の行幸のあった一九二九年までは、確かに「神島は北限分布地」であった。

ところが、同年の春に日高郡由良町衣奈《えな》の黒島で有北計芳がこれを発見・採集し、当時和歌山師範学校の教官であった坂口總一郎に同定を依頼している。標本を見た坂口は驚いて、「それはハカマカズラという植物で、一名を彎珠という。田辺の南方熊楠さんが神島で見つけ、日本の北限とされている。黒島に分布しているのが事実とならば、日本の植物地図を書きかえねばならない。いっぺんくわしく調査しよう」との手紙を送っている。

この植物の神島での発見は南方熊楠ではないが、このように坂口總一郎でも信じていたところを見ると、南方熊楠は神島のハカマカズラについて、かなり多く公表していたものであろう。

行幸当日の六月一日、南方熊楠は黒島でのハカマカズラ発見の情報を知っていたのかどうか。今の段階ではわかりようがないが、きわめて微妙な点である。もし南方熊楠が黒島の情報を

林床で芽生えたハカマカズラ。葉の形に特徴がある（おやま、1999 年 2 月 14 日）

ハカマカズラの太く曲がりくねった幹

知っていたなら、同日のご進講が南方熊楠にとってはきわめて苦しいものであったと推察される。また、後日この事実を聞いたとしても、やはり強く心にひっかかるものがあったはずである。

衣奈の黒島がこの植物の北限分布地として学会に認められたのは、同年の十月末のことである。牧野富太郎が黒島を現地調査した結果によるものであったから、南方熊楠は決して嘘を言ったわけでない。したがって、学術上からは何の問題もない。

ところが熊楠は、一九三四（昭和九）年の末に提出した「和歌山県田辺湾神島を史跡名勝天然記念物保護区域に指定申請書」の文中にも、本州での自生地を神島とすさみ町江住の数カ所と串本町田子の双島《そうしま》をあげているが、衣奈の黒島は取り上げていない。

神島をハカマカズラの北限分布地とすることに関しては、南方熊楠はかなり意固地になっていたように見受けられる。熊楠はこの文書で、神島のハカマカズラの種子は形もよくて美しく、ツルも周囲三〇センチあまりの大樹であると誇っている。

ハカマカズラの花は７月、樹上でいっせいに開花する

初冬、黒く熟した種子は拾い集めて数珠に加工された。京の仏具店にも売られたという

しかし、当時のハカマカズラの最大の大木はすさみ町江住の江須崎のものであって、周囲が八〇センチ以上あったから、ことさらに神島のことを誇張していることがわかる。その辺の「すっとぼけたところ」が南方熊楠らしいのかもしれない。つけ加えていうと、江須崎に生育していたハカマカズラの巨木は昭和の末に枯れている。

キノクニスゲ――県内最大の生育地

別名キシュウスゲ。いずれにせよ、「紀州の菅《すげ》」という意味で、西南日本の温かい海岸寄りの森林内に生育するが、きわめて少ない植物のひとつである。和歌山県下では他の地域より生育地が数多く報告され、前述の衣奈の黒島、南部町の鹿島、古座町の九龍島などが知られている。

本来は紀伊半島の海岸線に広く分布していたが、海岸線の深い森林が減少したため消滅したのであろう。それを証明するかのように、三重県の尾鷲《おわせ》海岸に残るすぐれた魚つき林にも、多数自生していると報告されている。

樹下に密生するキノクニスゲの大群落。真冬に穂状の花をつける。神島は県内最大の生育地（おやま、1992年1月28日）

神島はキノクニスゲの和歌山県下最大の生育地で、「おやま」のふたつの浜に隣接した平坦な森林内の樹下には、密生した大群落がある。この植物は地下茎を出さないで大きな株立ちとなり、葉は長さ五〇センチ、幅一センチあまりもある大型の草である。冬でも緑の色が鮮やかである。

おそらく人間によって開発される前の時代には、暖地のタブノキ林の下草として、紀伊半島から朝鮮半島にかけて広く分布していたのだろう。

神島を訪れる人々は、必ず南方熊楠の歌碑に見入り、そこから森林内に入ろうとする。ところが、それでは、最初に踏みつけるのがキノクニスゲだということになってしまう。

私は動物や植物に対して無関心な人の神島上陸を極度に恐れる。熊楠が身命をかけて保全してきた貴重な動植物について基礎知識をもたない者が、「南方熊楠を研究している」ということ自体おかしいのだ。

スゲという植物の名は、古くから「菅の笠」の材料となったところから来ているが、それはカンスゲの仲間の葉を使ったものである。キノクニスゲもカンスゲの仲間であるから、たくさん生えていたころはなにかに利用したはずであるが、これを「菅の笠」に使ったという記録はない。

バクチノキ――珍しい森林状態

この奇妙な「バクチノキ」という名前の意味は、ズバリ「賭博の木」である。古くからの言い伝えによると、この木の樹皮は幼木時は灰褐色であるが、成長するにつれて樹皮が剥げ落ち、次第に赤褐色に変わる。この樹皮が剥がれて色が赤く変わることから、「やがて赤裸になる＝賭博」と連想して、バクチノキと呼ばれたとある。

バラ科の樹木でありながら常緑樹で、葉は大きくて肉厚く、冬も濃い緑色をしているから、とてもサクラと同じ仲間には見えない。しかし、手にとって見ると、葉の柄に近いところに、サクラと同じように、一対の蜜腺《みっせん》があるので納得できる。

暖地性の植物で関東地方の南部以南に分布し、南は台湾にまで広がっている。和歌山県下では、深い森林の残る神社林や石灰岩の岩山などに点々と見つかる。このことから、昔の森林には広く全面的に生育していたと考えていいだろう。

田辺付近では特別珍しい植物ではないが、どこでも単木で残っているのに、神島では森林となって多数、生育している。熊楠らの時代でも、このような森林の状態は少なかったらしく、熊楠は「神島のバクチノキ」をことあるごとに書き綴って自慢している。

日本の照葉樹林では、神島のような状況が本来の姿にもっとも近いものであったことを強調したかったのでは

バクチノキ。樹皮がだんだん赤裸になることから名づけられた。熊楠はこの木を大変愛した

秋、バクチノキは純白の花をあふれるように枝先に咲かせる

なかろうか。

バクチノキの花は普通のサクラと違って白くて小さい。そして多数の花を穂状につける。和歌山県下の山間部にイヌザクラやウワミズザクラというサクラがあるが、バクチノキの花はこれらのサクラ属の花とそっくりである。しかし、花の咲く時期が晩秋であるから、この点、さすが暖地の樹木だと感じさせられる。

バクチノキの葉を蒸留して「ばくち水」をつくるという。薬用水だという。また、材は硬くて緻密であるため、備長炭にすると、重くて硬い質のものが得られる。今後備長炭の原木不足を来した場合、これをウバメガシの備長炭に混入して使用することもできる。

バクチノキは植栽すればよく育つ。公園樹や庭園樹としても将来、利用価値が高いと思われる。

センダン——死の直前に熊楠が見た「紫の花」

別名アウチ。南方熊楠が死の直前に「天井に見た紫の花」というのは、このセンダンであったということについては、前にも触れた。タイワンセンダンとも呼ばれる暖地性の落葉樹で、葉は大きくてタラノキの葉のように細分している。これを複羽状複葉という。

花期は五月上旬で、多数の小さい淡紫色の花を穂状につける。花を手にとって見ると、派手でないだけに可憐で美しいものであるが、センダンの樹そのものが、花をつけるまで成長すると大木となっているので、樹上の高いところで花を咲かせている。だから、よほど注意しないと、森林内では気がつかない。とくに神島のような照葉樹林内ではなおさらである。

センダンは落葉樹の通性として、照葉樹林の構成樹種ではない。神島でも島の縁の方に生え、大木になると台風などの被害で、太い枝や幹が折れたり倒れたりする。だから古くから神島には、胸高直径一メートルを超すような大木が育っていなかったようである。

しかし、大木の倒れた跡地に日光が差し込むと、いち早く現われてくる若い芽生えの中で、センダンの芽生えがきわだって多い。回復力の強さで林内からの消滅を免れていたのであろう。

一般に知られている「センダン」には二種類ある。センダンとトウセンダンである。トウセンダンは中国原産の帰化植物で、薬用に移入されたものらしい。庭園樹や公園樹として広く南日本の各地に植栽されている。センダンによく似ているので混同されるが、センダンのほうが、実の形がやや細長いことや小葉の縁が波打っていることなどで区別できる。

神島のセンダンについて理解できない話がある。神島の植物相は昭和の初期までにくわしく調査され、センダンの大木が多数自生していることも表わされている。にもかかわらず、大井与三郎の『新日本植物誌』はじめ、日本のどの図鑑にもセンダンの分布域は「四国・九州・小笠原・沖縄」となっている。当然記載されるべき「本州（紀伊半島）」の語句が、まったく入っていない。これはどうしたことなのだろう。

筆者には図鑑著者の真意はわからないが、少なくとも、もっとも信頼されている上記の『新日本植物誌』などにしたがって、数多く記録されている神島を無視したように考えられる。事実に反するこのような記録は、学問研究上の世界でもまれにあることで、そのような扱いを受けた研究者は、憤懣やる方ない憤りに苦しむものだ。筆者も経験があるが、地方の学者でこのような経験をもっている者は少なくない。

熊楠の場合、中央の大学の教授クラスの学者のフィールド離れを長い年月にわたって憂えていたこともあって、センダンの分布問題に関連して、心に深く傷つけられていたように推察される。このことが、熊楠の死に際、「天井に紫の花」を咲かせたのではなかろうかとさえ思う。

コラム

◉熊楠の原点は照葉樹林

後藤　伸

明治末期から昭和初期にかけての激動の時代に活躍した南方熊楠は、西欧諸国を先進地とする近代文明の中に、やがてこのような事態に立ち至ることをすでに見通していたようだ。それが早きに過ぎたために、世に入れられなかったむきもあるが、今になって、やっと人々の気づくところとなり、熊楠の足跡を訪ね、熊楠の自然観と思想を見直そうとの試みが、多くの分野から手がけられている。多数の記録や伝記ものが出版され、一時は一大ブームの到来を思わせるほどの盛況だった。

しかし、その「南方熊楠研究」なるものが、熊楠の遺筆・書簡などの解読や標品・遺品などの整理したものや、彼の生活の奇行についての伝説などが中心となっており、南方熊楠の思考の原点であった森、とくに照葉樹林の研究には、ほとんど触れられていない。

また、南方熊楠の偉大さをたたえて、記念館まで建立した和歌山県行政が、熊楠の活躍した森林そのものの保全には、まったく無理解であり、かつ無策であったため、県の照葉樹林も、今ではスギ・ヒノキの植林地になってしまい、ほとんど残っていない。

私は、現在多くの学者が取り組んでいる、この人文的な研究を軽視するつもりはない。しかし、少なくともその前に、森とともに生きてきた熊楠の基礎研究の第一歩として、森林、とりわけ照葉樹林の生態系に関する研究が不可欠であること、紀伊半島南部に発達していた深い森林の中で繰り広げられているさまざまな生命現象と、その中から生まれた熊楠の思考や思想に迫ること、このことがもっとも重視されるべきであると、機会あるごとに力説してきた。

南方熊楠の名が有名になるにつれて、その熊楠が体を張って保全してきた神島もまた有名になり、折に触れて

「神島の森を見学して在りし日の熊楠を偲ぼう」とか、「熊楠の自然保護運動の結晶が神島だ」「熊楠は自然保護運動の先駆者だ」などといって、神島を訪れようとする人たちが増えてきた。しかし、私は「神島には上陸しないで」と、かたくなに断り続けてきた。また、そのような措置をとることを、田辺市教育委員会に要請してきた。今、熊楠が生きていたならば、必ず「上陸は絶対禁止だ！」と叫ぶはずだと考えたからである。

熊楠が「この森こそ西南日本の自然の原形だ」と、天下に高言してはばからなかった神島の森は、今ではまったく異質の森林に変化し、昔日の面影もない状態になっている。そのうえ、複合した環境汚染が周囲を押し包んで、時々刻々、この貴重な森林をむしばみ続けている。そのため、生育している動植物は「きわめて危ない状況のもとにある」というのが、その最大の理由である。

神島だけではない。一般に、原生林のような深い森林の中には、やみくもに多くの人間が立ち入るものではない。これはすぐれた自然に対する、今を生きる人間の鉄則である。それは厳に慎まねばならない。

「林中裸像」として伝えられる43歳の熊楠。特色ある社寺林の多い田辺の三栖周辺をよく訪れていた（1910年1月28日）

〈南方熊楠顕彰館所蔵〉

Ⅲ 予期せぬ異変
――ウ糞害との闘い

◉後藤　伸

神島の生態系を変えたカワウの大群（1991 年冬）

1 ウの大群の襲来

気づけなかった大群飛来の前兆

一九八三～一九八五年度に行なった神島の第二回総合調査の当時、私と玉井済夫さんとの間で、神島の森の一部にトビとサギ類による糞害の兆しが、少しずつ現われ始めていることに気づいて、その対策などについて話し合いがなされていた。鳥類の糞害とは、糞の量が少なければ植物の肥料になって、それはそれで結構なことだが、多過ぎるとチッソ肥料やリン酸肥料のやり過ぎのような現象になって、植物が衰弱したり枯死したりする。また、それが原因となって病気や害虫が大発生するかもしれないし、葉にかかった糞そのものが、葉を枯らしてしまう危険性もある。

現に調査中に気づいた森林内の糞害地点の二カ所では、多量の糞で樹の葉が白くなり、鳥が吐き出したペリットが集中して、強烈な異臭を放っていた。ペリットとは鳥類が食べた不消化物を口から吐き出した「かたまり」で、おもに魚のウロコや骨である。森林の樹下の下草（林床植物）が、もうすでに衰弱しかけているような気がした。

この森林荒廃の兆候と異変について、「早急な対策が必要だが、神島の場合いったいどう対応すればいいいのだ」というような論議をよく繰り返したものであった。なにしろ相手は国指定の天然記念物であるから、簡単に人手を加えることができないし、トビやサギの群れを撃ち殺すわけにもいかない。しかも、この段階では、森林の外観には大きな変化がみられず、まして、これがウ類の大群の飛来の前兆であることはまったく予期できなかった。

したがって、私たちがウ類の糞害について本格的な調査・研究に取りかかったのは神島を「ねぐら」として飛来するサギ類の個体数が五百羽を超し、それにウ類の大群が加わったという異様な事態に立ち至った時期からで、あわてて開始したのである。その点、調査と対策が後手に回ったことは否めない。

研究の最初の目的は、これら鳥類の多量の糞が、神島の樹木や林床植物に与える影響を、それぞれの専門分野から総合的に追跡調査し、今後の神島の変貌を生態学的に推察・検討することであった。そして、具体的に神島の森林保全対策のあり方を方向づけ、神島の森林保全に関する将来の方針が得られればと期待を込めてのものである。

田辺市教育委員会としては、別記した構成員による対策委員会

カワウの糞で真っ白になった神島の樹木（おやま東側、1991年2月11日）

を設置し、一九九一年以降、毎年一〇～一五回の現地調査を実施し、その間、適宜に対策検討委員会を開催して、現況の把握に努めるとともに、総合的な対策方針の作成に取り組んだのである。

【神島保全対策委員会】
花井正光（文部省記念物課主任研究員）
福田道雄（東京上野動物園）
前田亥津二（元日本野鳥の会和歌山県支部長）
吉田元重（南紀生物同好会副会長）
黒田隆司（前日本野鳥の会和歌山県支部事務局長）
山本佳範（日本土壌動物学会会員・和歌山県立和歌山盲学校教諭）
杉中浩一郎（田辺市文化財審議委員長・紀南文化財研究会長）
後藤　伸（田辺市文化財審議委員・南紀生物同好会副会長）
玉井済夫（田辺市文化財審議委員・和歌山県立熊野高等学校長）
津村真由美（日本野鳥の会和歌山県支部田辺地区代表）
※役職は委員会発足当時のもの

養殖漁業で湾に集まった小魚が誘因

私が田辺高校に赴任した一九六三（昭和三十八）年ごろまでの田辺湾奥は、美しい水をたたえた、まことに静かな入り江であった。その姿は、とうてい今では想像できない。その証拠に、内之浦の外側に広がっていた入り江で、真珠の養殖が行なわれていたのである。

ところが、ちょうどそのころから、すなわち、一九六〇年代の前半から、田辺湾内に並ぶ多くの深い入り江が、養殖漁業の絶好の場として注目され始め、やがて大規模な養殖漁業の基地として発達し始めた。また、それに並行して田辺湾岸の波防工事や入り江の埋め立て工事が始まった。そのため、湾内で急速に汚濁と富栄養化が進行し、湾の奥部から中央部に向かって海水汚染が広がっていった。さらに、外材の輸入の増加による樹皮の海上投棄なども、これを加速した。

以降、神島を取り巻く環境、すなわち田辺湾一帯の自然は、「過栄養」と呼ぶほうがふさわしいほどに汚染が進行した。養殖

養殖漁場に群れる海鳥（1991年2月）

漁業の飛躍的な拡大にともなって、魚類に与える飼料もまた増加の一途をたどり、養殖筏から毎日流出する飼料だけでも、膨大な量に達すると見られた。この流出飼料に多数の小魚が集中するが、それらの小魚には、また数千羽にも達する海鳥類の大集団が群がるようになった。また、神島の浜には多量の外材の樹皮や漁業関係のプラスチック製品が漂着し、島内のゴミも膨大な量が堆積するようになった。

このような環境悪化の結果、田辺湾に集中した鳥類の中のウ類やサギ類が神島の森をねぐらに利用するようになり、本研究がスタートした。

サギ類やウ類は日暮れ前後に神島に飛来し、夜明けとともにそれぞれの餌場に飛び去る。その個体数は年々増加し、とりわけウ類は一九九〇年代初めには一五〇〇羽を超す大集団を形成するようになった。そのため、この鳥類の夜間に落とす多量の糞は、林床や樹木の葉・幹を白くし、葉に付着した糞によって多くの樹木が落葉し、特有の悪臭が森林内によどんでいるという状況をもたらした。長期間、ねぐらに利用された樹木では、落葉はもちろんのこと、大部分の小枝の先端が折られて、箒《ほうき》状となっているも

外材の樹皮で埋め尽くされた「おやま」の浜辺（1993年2月6日）

のさえ出現した。

和歌山では珍しかったカワウが激増

冬の田辺湾には水鳥がとくにたくさん集まってくる。その中で、もっとも多いのはカモメ類で、カモメ、セグロカモメ、ウミネコなど合わせて、一万から二万羽に近い。次にウ類、サギ類、カモ類、それに少数のシギ類である。また、神島や畠島には多数のトビ、ムクドリなどが定住し、キジバト、カラス、ハヤブサ、ミサゴなども少数ずつ飛来する。これらのうち、直接神島の森林を利用しているおもなものは、島内で繁殖しているトビ、ムクドリ、ササゴイなどと、冬季だけねぐらに利用しているサギ類とウ類である。サギ類・ウ類ともに北西の季節風が当たらない森陰を選んでねぐらにしているが、糞の害はウ類のほうが大きい。

野鳥の会の津村真由美さんらの調査によると、田辺湾周辺のウ類にはウミウ、カワウ、ヒメウの三種がいる。ウミウは昔から神島周辺にも生息し、白浜半島周辺の断崖をねぐらとしていたことはわかっていたが、カワウは一九八七年まで、和歌山県全域でも

夕方、「ねぐら」に戻ってきたカワウの大群（神島、1991 年秋）

ときどき発見されるほどの珍しい種であって、もちろん神島周辺ではほとんど見られなかった。

ところが、一九八九年秋〜一九九〇年春には約六〇〇羽、一九九〇年秋〜一九九一年春には約一〇〇〇羽以上のカワウの大群が、神島へ飛来してねぐらに利用するようになり、糞害が現われ始めたのである。カワウの大群が飛来するようになると、いままで神島に来ていなかったウミウも混じって飛来し、さらに珍しいヒメウまで出現したらしい。

ウミウは遠く日本列島よりも北の土地で営巣し、暖かい地方には秋から飛来して冬越しをする。一方、カワウは南日本の数カ所で営巣して子どもを育てる。ところが、湾内の島々や対岸の田辺市、白浜町のどこにもカワウの営巣地は見られない。おそらく、秋から冬季にかけての時期にだけ、越冬地として田辺湾周辺に飛来するのであろう。神島におけるウ類の最大個体数は、一九九一年十一月の一夜の総数一二〇〇羽以上であった。

一九九二年二月二十三日、上野動物園でカワウの研究をしている福田道雄氏がウ類調査のため神島を訪れたが、「田辺湾に飛来しているウ類は、ウミウにカワウが混じった集団で、ヒメウも含

ねぐらをカワウに取られたアオサギの群れ（神島、1990年秋）

まれており、神島にはこれらの大部分が飛来している」といわれた。

しかし、同時に調査に訪れた元日本野鳥の会和歌山県支部事務局長の黒田隆司氏は、「カワウの中にウミウが混じった集団である」としている。

ウミウとカワウはよく似ているため、遠距離での区別は難しい。ウミウのほうが少し大きく、横顔の白い部分が頭の部分で角ばっているが、カワウの場合は丸みがある。捕らえて比べてみないと正確な区別はできないということである。昼間、田辺湾内で観察していると、川口や岩礁近くの浅いところではカワウが、沖合の深い岩場ではウミウが多い。

ところが、私たちの一番知りたいのは神島でのことであるから、夕刻から早朝の集団飛来を観察しなければならない。とうてい、専門外の人間のできる仕事ではない。さすがに津村さんらは夕暮れの海面上を飛ぶ群れをみつけてその個体数をカウントした。一方、神島に落ちていたウ類の羽を観察検討した結果でも、両種が混じって発見されたから、混生の群れであることは確実である。

多いときは一五〇〇羽が「ねぐら」に

津村真由美さんによる個体数のカウントは、夕方ウ類がねぐらに入るころ、神島と最短距離にある対岸の田辺市新庄町鳥ノ巣海岸から双眼鏡を用いて行なったもので、カウントそのものが大変なことだから、ここに記録したウ類の数は最小限のものを使った。

神島でのウ類は一九九一年、とくに増えた。この年、神島に飛来し始めたのは九月二十三日で、この日から次第に個体数が増加したが、十月初旬にはカウント数がほぼ一二〇〇羽程度で安定し、そのまま二月末まで続いた。三月に入ると繁殖地に帰るためか、ウ類の個体数は減少し始めた。少数の個体は五月ごろまで岩場や会津川河口周辺で観察できたが、ねぐらとしては神島周辺の岩礁を利用しているようであった。

　ウ類の一日の行動は、早朝ねぐらから出て、湾内の養殖筏や周辺の岩礁に分散、それぞれ移動しつつ餌を食べる。この中には富田川《とんだがわ》周辺にまで飛行して川魚を捕るものもある。午後三時過ぎから夕刻にかけて、数十羽から百数十羽の集団となって、断続的にねぐらを求めて神島に飛来するが、この行動は薄暮過ぎまで続けられる。公式には一二〇〇羽と記録しているが、実数は最大時には、一五〇〇羽を超えていたものと考えている。

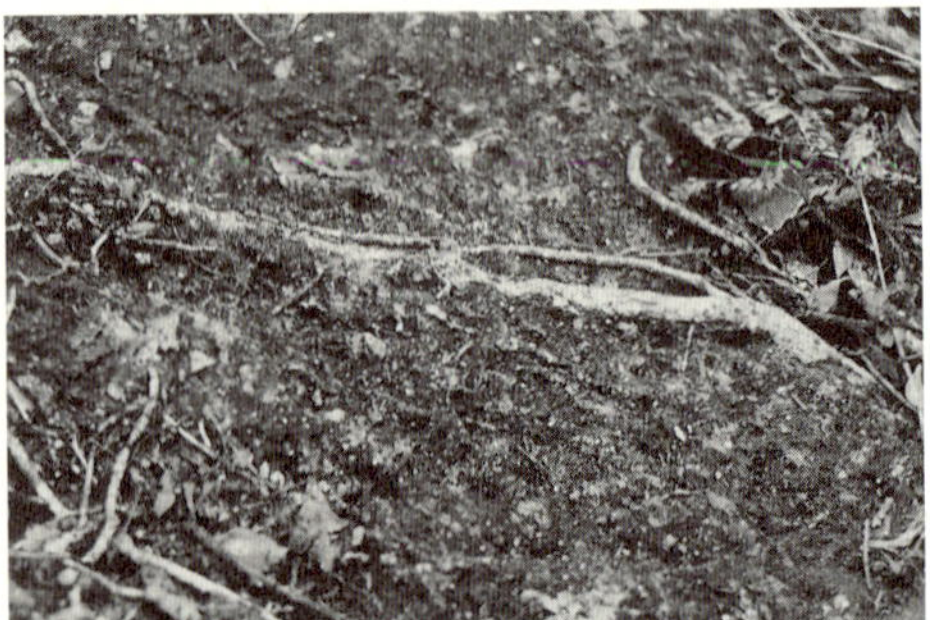
大量の糞で植物は腐り、その下の土も腐って猛烈な異臭を放つようになった（1991年12月）

　ねぐらとして利用する範囲は、島の北東部の一画だけである。一九九〇年秋〜一九九一年春には、海岸に沿って約一〇〇メートル、内陸部に約一〇メートルの細い帯状の地域であったが、九一年秋〜九二年春では一二〇メートル×二〇メートルと、約二倍以上の面積に広がった。この原因はウ類の個体数が多くなったことにもよるだろうが、海辺に沿った樹木が枯死し、倒れて利用できなくなったため、内陸部に移動したものと推察される。すなわち、前年度は糞の半分ぐらいが、海面上に突き出した枝先から海面に落ちていたということである。

田辺市教育委員会は一九九二年の春から応急対策として、文化庁の許可を得て爆音機を設置した。ウの大群は爆音に反応して、ねぐらの位置を変えたり、いつまでも上空を旋回するなどの行動をしていた。春は飛来数にあまり変化がなかったが、新しく大集団が飛来する秋になっても、ウ類が神島へ飛来しなくなった。ねぐらが白浜町中池に移動したのである。

ねぐら移動の要因としては、▼白浜町中池がウ類本来のねぐらだった、▼以前から中池はサギ類のねぐらだった、▼神島をねぐらに利用するようになったのは中池の隣の地にゴルフ場建設工事が始まり、中池をねぐらに利用していたウ類やサギ類が移動を余儀なくされた、▼中池周辺のゴルフ場工事による騒音は一九九一年の春から小さくなっているから、ウ類は本来のねぐらに戻ったというのは早計、▼神島ではウ類による糞害防止のため、爆音機や音波発信機の試行で飛来妨害効果が現われた、などいろいろな理由が取り沙汰された。

いずれにせよ、その後神島にはほとんどウ類の集団は飛来しなかった。しかし、爆音機を止めると、すぐに数十羽の群れが飛来したから、爆音機が効果的に働いていたと考えてよさそうであ

カワウのねぐらだった木々は、枝や葉が枯れ、裸になった(1992年2月27日)

る。

どれだけの糞が島に落ちたのか

神島の森林をていねいに調べると、全島に白い糞が点々と散乱している。これは上空を絶えず旋回している多数のトビと、ねぐらにつく前に上空を集団飛翔するウ類やサギ類のものである。鳥類は直腸がないから、飛びながらでも眠りながらでも、糞を落とすからである。空を飛ぶ関係上、体重を軽くするのに都合よくできた仕組みなのであろう。この場合の糞は集中していない。しかし、ねぐらでは糞が集中的に堆積し、樹下の葉や地表が白くなり、その上の樹木がねぐらに利用されていることが簡単にわかる。

おもなねぐらは島の北東部に集中している。考えられる理由は次のようなものだ。

▼付近にはねぐらとして利用するのに都合がよいクスノキ、ハゼノキ、ムクノキ、ヒメユズリハなどの大木が海面上にまで突き出して生えている、▼西側に発達した神島の森林が広がっており、冬季の北西季節風が強く当たらない、▼「おやま」ではもっとも断崖上に発達した森林で、ウ類のねぐらとしてはもっとも安全、など。

一二〇〇羽以上のウ類が、いったいどれだけの糞を落とすのだろうか。私たちは約半年間に堆積する糞の量を測定するため、いろいろ考えて次のような方法を用いることにした。この仕事は一九九一年十月〜一九九二年四月、吉田元重さんが中心になって実施した。

まず、糞域のほぼ中央部に二カ所の調査線（左ページ右図中①、②）を設定する。各調査線で、海岸から内陸部に向かって一メートルおきにそれぞれ五カ所の定点を設け、合計一〇地点に九二センチ×九二センチの布製の方形シートを地表面近くに並べる。布は二四時間後に回収し、堆積した糞の乾燥重量を測定する。

島に渡らなければならないのと、あまり林内を踏み荒らさないようにしなければいけないので、調査は月に一度だけ。布面に堆積するのは糞のほか、少量のペリットや糞が付着した落ち葉や小枝などであるが、落ち葉や小枝などは除外した。ペリットについては、別に個数とそれぞれの重量を記録した。

調査測定した結果、当然のことながら、ウ類が飛来した十月以降、糞量は急激に増加していた。したがって、それ以前に飛来しているサギ類の糞は大きく影響していないものと考えられる。

ウ類がねぐらに飛来する夕刻、島や周辺に

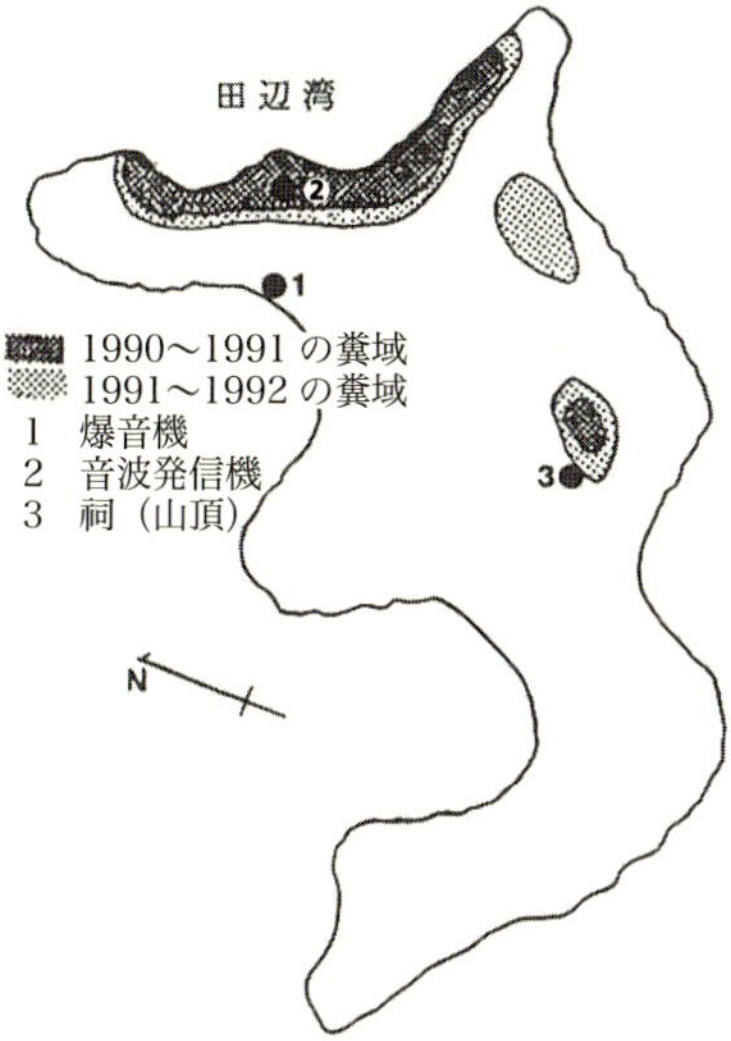

神島とウ類の糞域

出典：『田辺文化財』37（1994）

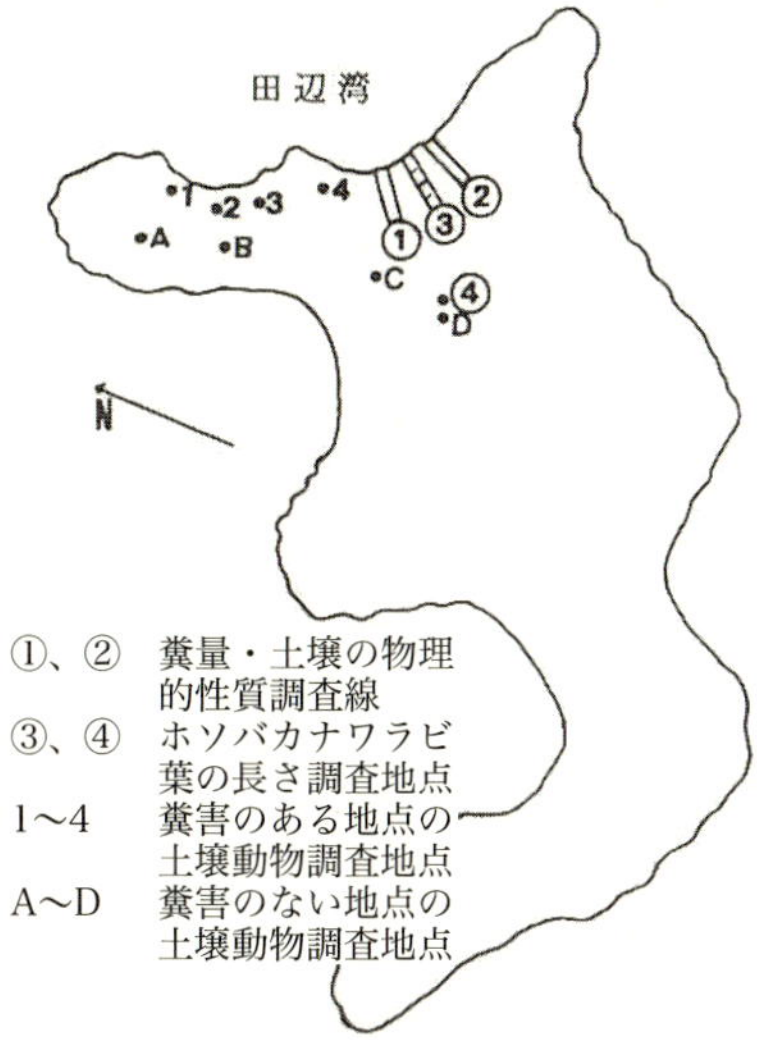

糞量、土壌の物理的性質、土壌動物の調査地点

出典：『田辺文化財』37（1994）

人や船が滞在していると、その日の糞量が少し減少している。これはウ類が人に対してきわめて敏感なためと推察される。しかし、滞在期間中の一日の糞量には大きな差がないようである。

定点設定地点では海岸に近いほど糞量が多い傾向がある。したがって、島から海面上に突き出した樹や枝をねぐらとする鳥の糞は、大部分岩場や海に落ちることとなる。磯の岩石上に堆積した多量の糞については測定が不能であるため、調査結果に含まれていない。

設置場所での一夜の最大降糞量は乾燥重量で一枚のシート（約〇・八五平方メートル）当たり七グラムで、平均約三グラム。糞の堆積地域は一九九〇年度で約一〇〇メートル×一〇メートル（約一〇〇〇平方メートル）であり、一九九一年度で約一二〇メートル×二〇メートル（約二四〇〇平方メートル）であった。

このため、ウ類の滞在期間九月下旬～三月初旬の約五カ月間に島に落ちる糞量は、乾燥重量で一九九〇年度は五〇〇キログラム、一九九一年度は一・二トンを超える膨大な量となる。しかも、糞の粘り気が高いうえに尿酸は水に溶けにくいため、少しの降雨では流失しない。測定場所周辺は雪が降ったように白くなり、悪臭はとりわけひどい。

三月に入り、気温の上昇・降水量の増加とともに徐々に白い糞がなくなる。ほとんどが土壌に取り入れられたようだ。

コラム

◉かつては重宝されたカワウの糞

――後藤　伸

カワウは、古くから比較的珍しい鳥として有名だった。その上、ウミウに似ているため、どこで区別するのかなど野鳥観察の話題の種でもあった。ところが、田辺湾では昭和の末期になってから急激に増えだし、やがて神島の糞害問題の主犯になった。平成に入ってからは、集まってくるカワウの数はすさまじく、湾内至る所で大群を見かけるようになった。

ウミウとともに春、四月ごろには、繁殖地に移動してゆくが、幼鳥やペアの組めなかった一部の成鳥が夏場も居続けている。

ウミウに対してカワウは東京の不忍池をはじめ、愛知県の知多半島や滋賀県琵琶湖の竹生島《ちくぶじま》や京都の冠島など、関東地区から近畿圏へかけて有名な繁殖地があって、どうやら、それらの一部が冬越しのために紀伊半島の南部まで集団でやって来るらしい。

知多半島の鵜《う》の山《やま》での記録を見ると、このカワウほど人間のエゴに翻弄された鳥は少ない。かいつまんでいうと、こういうことだ。

昔から鵜の山では、毎年の春、数千羽のカワウが集まって巣をつくり、雛を育てていたという。そのため、山の木々は糞害ですっかり枯れてしまい、山が枯木ばかりになったらしい。その間、地元の人たちはカワウの巣の下に筵《むしろ》（稲藁《いなわら》で編んだ敷物）を敷き詰めて、落ちてくるカワウの糞を集めた。この筵は果樹園の肥料として重宝され、いい値で販売された。毎日多量に落とす糞が地元の人たちの小遣い稼ぎになるのだから、カワウの集団は大歓迎された。

ところが、時代が変わって化学肥料が出現すると、悪臭の「糞の筵」は悪口の的にされて、人気は次第に落ちてきた。肥料会社はこのときとばかりに悪宣伝をやる。そうなると、カワウの集団は邪魔もの扱いされて、追放される運命になった。日本の農業関係者や野鳥関係者も保護から駆除へと方針を逆転した。知多半島を追われたカワウの集団は、仕方なく冠島や竹生島へと分散した。

追われて逃げ回っていたカワウの群れにとって、養殖漁業の発達は大繁殖のきっかけとなった。海でも川でも、人間どもが大量の餌をまき散らしているのだから、カワウは食料にはこと欠かない。南日本の各地にある幼魚を放流する川や養殖漁場では餌があり余っている。全国に先がけて、早い時期から養殖漁業を手がけた田辺湾などは、早くからカワウの餌場に選ばれた。その上、田辺湾の中には人の近づかない神島がある。カワウにとっては格好のねぐらではないか。

それにしても、肥料として利用するため保護しても増えなかったカワウが、放流と養殖漁業のために邪魔もの扱いされるほど大繁殖するとは、ただただ驚くばかりだ。

カワウ（ペリカン目ウ科）。内陸の河川に棲む傾向があるが、近年は田辺市内の池で繁殖を始めた　〈有本智氏撮影〉

2 大量の糞で島はどうなったか

林床植物調査――ホソバカナワラビが急減

神島の森林の下草はホソバカナワラビとキノクニスゲの大群落で代表されている。糞の堆積している場所の周辺では、大部分がホソバカナワラビとコヤブラン（別名リュウキュウヤブラン）で、ほとんど全域に密生していた。そのすき間にテイカカズラ、フウトウカズラ、ツタ、アオツヅラフジなどのツル植物が地上を這いまわって埋めていた。さらに、早春には広い葉を広げるウラシマソウが点々と生育していた。

この調査は一九九二年五月～一九九四年一月、糞量調査線に平行した二カ所（一三七ページ図中Ⅰ、Ⅱ）に、それぞれ一平方メートルの枠を一メートル間隔に五地点、一〇区画を設定して枠取りをし、この中に生育する各植物の被度（地表面を覆っている度合い）の変化を測定した。この調査結果の概要は、およそ次のようであった。

▼冬季の糞量の多い時期には、堆積する糞の量が多く、設定した区画のビニール紐が確認できないほどだった。

▼春に発芽した幼植物や一年生の植物は、ウ類の飛来する十月ごろまでは生育しているが、糞を浴びると次第に衰弱し、枯死する株が増加する。

▼一九八八年の陸上生物調査時では、この地域全面にホソバカナワラビが生育していたから、ウ類の飛来以降に急激に減少したものと思われる。

降糞のないホソバカナワラビ。薄暗い森の中に密生する（1993年6月）

糞のたまり場の様相を呈したホソバカナワラビ（1992年1月）

林床植物の大部分を占めるホソバカナワラビについては、新葉が出そろう五～六月に被度が上昇するが、降糞量が多くなる十二月から被度が徐々に低下し始め、三月から四月にかけて著しく低下する。ホソバカナワラビの葉が枯れる場合、葉の先端部から順次枯れるのではなく、ランダムな位置からいっせいに枯れる場合が多い。この傾向は糞量が多い場所で著しく、裸地同然の場所すら見られた。

糞量が多い地点では、ホソバカナワラビは外観上いじけて矮性化（草丈が低く変化）している。過肥料分や葉の枯死によるものと考えられるが、森林の上部を覆っている林冠が枯れたために起こる直射日光の照射も大きく影響しているであろうし、侵入する潮風と乾燥などの条件も考慮しなければならない。

そこで、林床植物の優占種であるホソバカナワラビだけに注目して、糞量の多い地域と多くない地域との葉の幅や長さを測って比較した。ふたつの調査地点の中間地点で、海岸から内陸部にかけて一メートルおきに一平方メートルの枠を、糞害のある地点に四カ所（一一七ページ右図中③）、また別に対照区として糞がほとんど落下していない地点に一カ所（同図中④）設定して、ここに生育するホソバカナワラビの葉の幅や長さを比較した。これによると、糞量が多い場所で生育しているものほど、葉が著しく短くなっていることが判明した。

糞量のごく少ない地点では、ホソバカナワラビの生育が良好で、葉の広がりも糞害を受ける前よりも発達した。少量の糞は良質な肥料としてプラスに作用していることがわかる。

ウ類の飛来がなくなってから二〇カ月後の測定調査においても、降糞量の最多地域では、林床植物はなかなか完全に回復せず、落ち葉の露出した地域がかなり残っていた。完全に枯死したホソバカナワラビは、地下茎が発達するためには数年を要するであろう。

これらのことから糞の堆積は、林床植物に対して直接的、あるいは間接的に、あらゆる角度から大きい影響を与えていると思われる。

樹木の被害調査——海に流出、枯れゆく木々

ウ類にもっとも初期からねぐらとして利用された樹木は、海に接して崖地から海面上に突出して生育していたウバメガシ、ハゼノキなどである。すでにこれらは大部分枯死して、株ごと海に落ちて流出し、痕跡も残っていないものが多い。糞の樹木に与える影響を調べるために、一九九二〜一九九三年度、糞が多

量に落下する場所で、胸高直径・樹高の異なる各種の樹木八〇本をえらび、番号を付し追跡調査した。樹木の被害程度を表わすため、樹勢の程度を五段階に分けたり、表やグラフにまとめたりしたが、要約すると次のようである。

▼調査対象の樹木株数は計八〇本、一五種。樹種はヤブニッケイ三九本（四九％）、ヤブツバキ二三本（二九％）と多く、カクレミノ、イヌマキが続く。

▼今回、明らかに鳥の糞によって樹勢が衰弱したと思われる樹木は、ヤブニッケイ一八本（四六％）、ヤブツバキ一一本（四八％）。とくにヤブニッケイは二年間の調査期間中に急速に衰弱、枯死直前のものも二本あり、ヤブニッケイがヤブツバキより強く影響を受けたと思われる。ヒメユズリハも胸高直径二〇～三〇センチの大木二本が調査開始から三年目に、さらに三本が四年目に枯死した。

▼高木層の樹木のうちクスノキ、ハゼノキ、ムクノキ、ヤブツバキ、ヤブニッケイ、エノキなどはいずれも樹勢が弱まり、多数の小枝が枯れた。しかし、高木層で完全に枯死したのはヒメユズリハの一種だけであった。

枯死し、株ごと崖下の海に流出したウバメガシ（おやま、1994年）

多量の糞が付着しているにもかかわらず、まったく影響を受けていないと思われる樹木にはイヌマキ、

主要枯死樹木の種別胸高直径（胸径）一覧表

種名	枯死年	降糞域内の胸径（cm）	降糞域外の胸径（cm）
ヤブツバキ	1992	12、12	
	1993	10、17	2.5、2.5
	1994	22	38
ヤブニッケイ	1992	13、13、16-6-5-4※	
	1993	9、9、12、10、12	
	1994		25、15
ヒメユズリハ	1992	12、25	
	1993	5、18、28、32	25
タイミンタチバナ	1993	5	
モチノキ	1992	4	18、26
ウバメガシ	1991	25、32	
	1992	8、10	
ハゼノキ	1993	13、15	
モッコク	1993	5	
カクレミノ	1992		3
	1993		6
マサキ	1992		4.5
タブノキ	1993		2.5

出典：『田辺文化財』37（1994）

※同一株から分岐した幹の胸径はハイフンでつないだ。

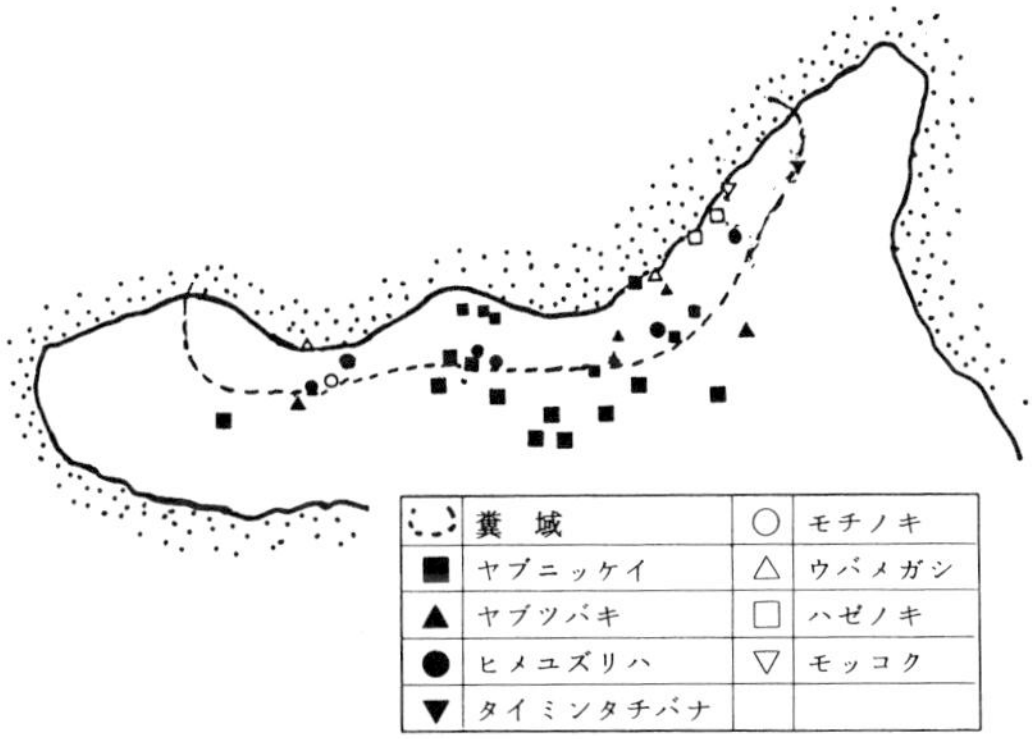

神島北東部の糞域と樹木の枯死

出典：『田辺文化財』37（1994）

バクチノキ、ナワシログミがあった。葉の表面に付着した糞や濃厚過ぎる土壌環境に対して、なぜ生きていけるのか、不思議だった。

十一月から十二月にかけ、落葉しないはずの常緑樹の落葉が多かった。一面に糞が付着したのが原因とも考えられるが、別の複合的な原因で落葉したのかもしれない。

ウ類がねぐらとしてつねに利用する樹木は、葉のみならず細い小枝もなくなっている。一九九二年四月二日、吉田元重さんがカワウの営巣地である知多半島「鵜の池」で観察してきたところによると、巣の材料として、小枝が先端部まで太いハゼノキや、葉がついているカナメモチやスギなど、直径一センチほどの太さの枝が用いられていたという。また、それらを口にくわえて巣づくりをしているのを観察したとのことである。おそらく、ウ類のくちばしはかなり鋭く強いものと考えなくてはならない。

神島でも、クスノキやヤブツバキの枝先などで鳥が止まるのに邪魔になる小枝は、皆へし折ったのではなかろうか。これらの樹木は、翌年の芽出しや成長に支障があると考えられ、外見からの観察でも衰弱が著しいと思われた。今後何年間にもわたって、樹勢の変化に注目しなければならない。

一方、小さい樹木ほど被害の大きいものが見られ、枯死したものも多く出た。これら小低木は根の伸長範囲が狭く、根のすべてが糞による汚染域内にあることに関係していると考えられる。

一九九四年度以降の継続観察で、枯死してしまった主要な樹木は一一種に達した。先に触れたように一九九三年までは、枯れた樹木はヤブニッケイ、ヤブツバキに集中していたが、その翌年から他の種にも枯れ木が現われ始め、ヒメユズリハでは胸高直径三〇センチ前後の成木までもが枯れた。これは大変重大な問題である。

さらに、降糞地域から離れた地点での枯れ木も観察された。この地点では直接糞害を受けていないため、森林内の樹木同士の競争による当然の枯れとも考えられるが、ヤブツバキやモチノキのような成木が倒木となって枯れることは、神島の森林そのものの中に、すでに生態系全体にかかわる異常が生じていると見るべきであろう。この点に注目し、今後観察を継続していくべきだと考えている。

一方、降糞地域のイヌマキについては、ウ類の大群が飛来し始めた初期段階から、葉の表面が白くなるほどの糞が付着していた。しかし、イヌマキに限っては落葉することも枯死することもなく、一九九五年現在、健全な発育状態を保っていた。株が隣に接しているヤブニッケイがほとんど枯れていく中で、イヌマキの状況は異常であるかのように見受けられる。

そこで吉田元重さんはヤブニッケイ、イヌマキ両種の根の状態を観察して比較しようと、日高郡由良町において発掘、地下の断面調査をしたところ、ヤブニッケイの根は深さ五センチの浅いところで、四方へ分岐して地表近くを水平方向に広がっている。それに対し、イヌマキは地表近くで細い根が分岐しているものの、主根は直根となって地下深くに達していることがわかった。おそ

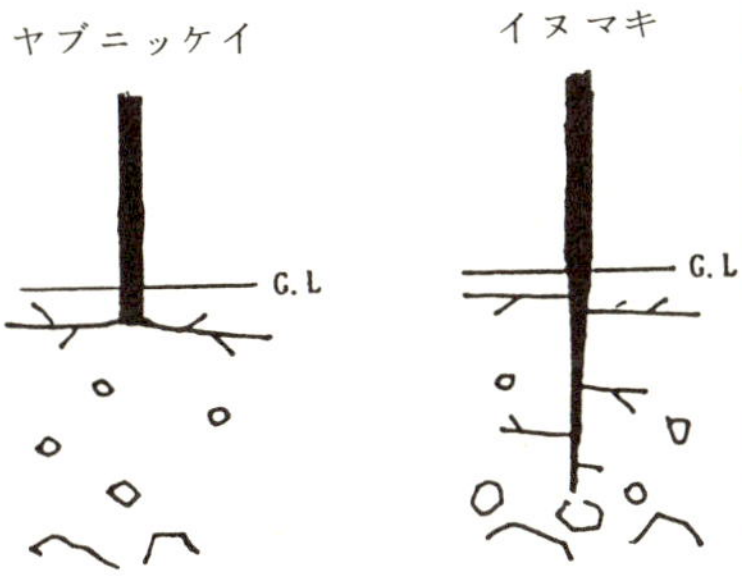

ヤブニッケイとイヌマキの根の分布模式図

出典：『田辺文化財』37（1994）

ウの糞で枯れる寸前のヤブツバキ。葉に付着した糞は、粘液質で雨が降っても落ちず、葉は呼吸できずに枯れる（神島、1991年12月18日）

らく、このように土壌中に深く入った根をもった樹木は、糞害の影響がすぐに現われないのだろうと考えられた。しかし、今後数年遅れてから現われるものと考えなければならない。

かつてない「害虫」の異常発生

一般に森林が安定している場合には、昆虫の種がたくさん生息しており、ある特別な種だけ多く発生して「害虫」となることは見られない。しかし、森林が荒廃して、各種樹木や林床の草本類が衰弱したり、土の肥料成分が増えて過栄養の状態になった場合、そこに生える植物につく一部昆虫が多数発生して「害虫」になる。

神島の糞害地域で見られる現象は、まさにその状態を現わしているように見える。ウ類の粘《ねば》い糞が樹木の葉の表面へ付着して葉を枯らし、多量の糞が林床の草を枯らして、土の中にまであふれ、土の物理的、化学的性質を変化させ、薄暗かった林内に直射日光がさしこみ、海水を含んだ強風が森林内を通過し、海に接した大木が次々と倒壊する。このような森林の荒廃で、糞害地域の大部分の植物と周辺地域の樹木は枯れ木から衰弱木までそれぞれの段階で害を受けている。

この中で昆虫類の存在は決して小さいものではなく、ほとんどの植物に加害しているのが観察された。一九九〇〜一九九四年に確認した主要な種を挙げると表のとおりだ。

この表に登場している大部分の種は、田辺地方ではごく普通に見られる昆虫ではあるが、神島では深い森林であったため、あまり多い昆虫ではなかった。それが糞害の発生とともに急に増加し始めたらしく、

神島で観察された主要な害虫（1990～1994年）

目・科名	種名（和名・学名）	加害植物・加害部位
半翅目・カタカイガラムシ科	ルビーロウカイガラムシ *Ceroplastes rubens*	トベラ・ヤブツバキ・モチノキなどの葉・細い茎
半翅目・アブラムシ科	エノキワタアブラムシ *Shivaphis celti*	エノキ・エゾエノキの葉
半翅目・アオバハゴロモ科	アオバハゴロモ *Gesha distinctissima*	ヤブツバキ・ヤブニッケイなど各種の若葉・萌芽
半翅目・グンバイムシ科	クスグンバイ *Stephanitis fasciicarina*	タブノキ・クスノキなどの葉
半翅目・カメムシ科	ツヤアオカメムシ *Glaucias subpunctatus*	ヒメユズリハ・ホルトノキなど各種樹木の漿果・種子
半翅目・カメムシ科	チャバネアオカメムシ *Plautia crossata*	ヒメユズリハ・ホルトノキなど各種樹木の漿果・種子
半翅目・ヘリカメムシ科	ツマキヘリカメムシ *Hygia opaca*	ヨウシュヤマゴボウなど各種草本類の茎
鱗翅目・アゲハチョウ科	アオスジアゲハ（幼虫） *Graphium sarpedon nipponum*	タブノキ・クスノキなどクス科植物の葉
鱗翅目・トラガ科	トビイロトラガ（幼虫） *Seudyra subflava*	ツタの葉
鱗翅目・コウモリガ科	シロテンコウモリの一種（幼虫） *Palpifer* sp.	ヤブツバキの細い茎
鱗翅目・ヤガ科	アカエグリバ（幼虫） *Oraesia excavata*	アオツヅラフジ・オオツヅラフジ（？）の葉
鱗翅目・シャクガ科	トンボエダシャク（幼虫） *Cystidia stratonic*	ツルウメモドキの葉
鱗翅目・ドクガ科	ドクガの一種（幼虫） *Euproctis* sp.	バクチノキの葉
鞘翅目・カミキリムシ科	ホシベニカミキリ（幼虫） *Eupromus ruber*	タブノキの樹幹
鞘翅目・カミキリムシ科	シロスジカミキリ（幼虫） *Batocera lineolata*	ウバメガシの樹幹
鞘翅目・テントウムシ科	ニジュウヤホシテントウ（幼虫・成虫） *Epilachna vigintiocto*	ヒヨドリジョウゴの葉
鞘翅目・ゾウムシ科	ツバキシギゾウムシ *Curculio camellira*	ヤブツバキの漿果・種子

出典：『田辺文化財』37（1994）

年を追って異常発生を感じるような状況にまでなってきたのである。

一九九二年の春から糞害地の付近で観察された昆虫の大発生状況の一部を紹介しよう。

【トビイロトラガ】

神島にはツル植物が多く、各所で巨木に絡みついているが、その中の糞害地の側にあった三株の太いツタ（ナツヅタ）の葉が、一枚もないという状態にまで毛虫が大発生し、これが毎年続いている。幼虫を調べてみるとトビイロトラガの幼虫であった。この蛾は紀南地方では普通種であるが、このように大発生するのは人家や農耕地周辺などに限られているうえ、毎年連続することはまず見られない。

神島でのトビイロトラガの発生は、糞害の発生に続いて見られるようになり、以後徐々に被害地域が拡大しつつある。糞害地周辺のツタの中で太いものでは、林床から林冠までの全域に葉を広げているが、蛾の幼虫はその全面に群がり、すべての葉を葉柄だけ残して食い尽くしている。

木肌が見えないほど緑で覆っていたツタも、トビイロトラガの幼虫に食われ、このありさま（1992年6月13日）

【モンシロドクガ】

バクチノキは神島を代表する樹の一種であるが、糞害にはとくに強く、一本も枯れ木が出なかった。ところが、このバクチノキの広くて大きくて分厚い葉に、赤、黄、黒の派手な色の毛虫が大発生し、林内の糞害地域周辺の低木がすっかり葉をなくしてしまった。幸い、幼虫の出現は春の一時期なので、その後すぐに小さい葉が出て、樹木そのものが枯れるのを食い止めているが、全体に弱々しいものになってきた。毎年の食害によって成長が抑えられているように見受けられるが、亜高木層にまで達した樹には被害がないため、森林全体には決定的なダメージは見られない。

この蛾は、森林の周縁部や果樹園などで、サクラ、ウメ、モモなどのバラ科植物の葉を食って繁殖する種として知られている。

【カイガラムシ類】

糞害が現われ始めた一九九〇年ごろから、その周辺地域のトベラやモチノキに、カイガラムシ類の寄生が見られるようになってきた。それらの木々は糞害地域の拡大によってやがて枯れてしまったため、詳細な発生状況は観察できなかった。

ところが、一九九三年の春ごろから、糞害地と離れた地点一帯に、ルビーロウカイガラムシの大発生と、それにともなうスス病が観察され始めた。主として寄生を受けたのはトベラ、モチノキ、マサキなどの海岸林構成種であるが、ヒメユズリハ、イヌマキなどの高木層にもヤノネカイガラムシの寄生が見られた。寄生された樹の樹勢は弱まり、カミキリムシ類など他の昆虫の加害によって大部分が枯れたが、

ドクガの幼虫が大発生し、食い荒らされるバクチノキの葉（1992年6月13日）

糞害地から離れた地域では衰弱したまま生育している。

【シャチホコガの一種】

糞害地周辺で枯れ木が多数現われてきた一九九三年ごろから、少し離れた南東部の海上に突出したウバメガシ林で、多量のイモムシが繁殖し始めた。春の新緑のころ、若葉の上に密生していた幼虫群を見たことは過去にも数回あったが、近年は春と秋の年二回見られ、加害面積も広く、葉を一枚も残さずに食害する状況は異常である。

発生している幼虫群は、ツマキシャチホコの幼虫と推察されるが、正確な種名の確認はできていない。一九九四年には、葉が皆無になっている地点が四カ所も見られた。

【ニジュウヤホシテントウ】

糞害地域が広がってきた一九九三年ごろから、森林の枯れた部分の周辺にヒヨドリジョウゴがたくさん生えてきた。この植物は以前から神島に生育していたが、木々が枯れ始めて林床に日光の直射が入ってくるにつれて急成長を見せるようになったのである。このヒヨドリジョウゴの繁殖とともに、ニジュウヤホシテントウが出現し、たちまちのうちにヒヨドリジョウゴの葉が食害され、大部分が葉脈のみになったり、葉がまったくなくなったりするようになった。ヒヨドリジョウゴの葉が消えてしまうと、ニジュウヤホシテントウも姿を消したが、翌年にはまた現われ、大繁殖している。

ニジュウヤホシテントウは食虫性の昆虫の多いテントウムシ科の中で食草性をもつ有名な農業害虫で、

成虫、幼虫ともにナス、トマト、ホオズキなどナス科植物の葉を食う。

【アオバハゴロモ】

アオバハゴロモも有名な農業害虫である。成虫は青白色の広いハネをもったウンカ、ヨコバイの近似種であるが、幼虫は果樹の若芽などの茎に白い綿毛状の粉をかぶって群がっている。もちろん、植物の茎に鋭い口を突き刺して汁を吸う。

糞害が見え始める以前の一九九〇年からいち早く大発生の兆しが現われて、年とともに激増した。発生地点は糞害によって木々が衰弱したり枯れたりしていく周辺部に集中しているため、枯れの広がりにつれて少しずつ移動していくのが観察された。おそらく、少しの量の糞が土壌を過栄養状態にして、害虫の発生を誘発しているのであろう。

おもな寄生植物はヤブニッケイ、シロダモ、ヒメユズリハ、バクチノキ、モチノキ、テイカカズラ、アオツヅラフジなど多くの種にわたり、その地点に生えている大部分の植物に加害しているように見受けられた。

神島の森林内でも少しは生息していたが、アオバハゴロモのために樹下の若い茎が白い粉末で覆われてしまう現象などは、森林生態系の荒廃を警告するものと私たちには思えた。

アオバハゴロモの幼虫は白い粉を出し、その粉にまみれているので外形は見えない（1992年6月13日）

【シロテンコウモリ】

糞害地域周辺の衰弱しかけたヤブツバキの小枝が数多く枯れ、折れているのが発見された。調べてみると、小枝の中が中空になり、蛾の幼虫らしいものが潜り込んでいた。しかし、田辺市付近で普通に見られるコウモリガはキマダラコウモリという大型種で、小枝の中に食い入る昆虫ではない。多数発生していたのは体長二〜三センチの小型種であるから、シロテンコウモリであろうと推定される。成虫が採集できていないので、種名の同定は不可能だった。

この虫の寄生を受けたヤブツバキは小枝全体が枯れ、幹に接した部位で折れ、虫が穿《うが》った穴は幹にまで達している。

【アカエグリバ】

神島の林内にはアオツヅラフジがかなり多数生えているが、糞害を受けた地域の周辺部では肥料分が多くて日光が入るので、ツル植物は林床部から葉を広げて急速に成長し始める。アカエグリバの幼虫は、この徒長しているアオツヅラフジの葉を食って成長し、たちまちツルだけを残した状態にしてしまう。

幼虫は全体まっ黒で、体の横に鮮やかな黄色の眼状紋が並んだ特徴のある形態をしている。農耕地や人家周辺の里山に多く、夜間に活動して果樹などの汁を吸うことがある。この神島で発生した蛾も、海を渡ってミカンなど果樹園を荒らしているかもしれない。

【チャバネアオカメムシ、ツヤアオカメムシ】

私たちが神島の糞害関係の調査にかかわっていた一九九〇年から一九九六年にかけて、七年間に二回、カメムシ類の異常大発生があった。いずれもこの二種が中心で、その数ははかり知れないものであった。神島で多数発生しているのを確認したカメムシ類はオオクモヘリカメムシ、ツマキヘリカメムシ、ヒゲナガカメムシ、オオモンシロナガカメムシなど。表記二種のカメムシ類は冬越しのために集合したものと考えられるが、冬季でも暖かい神島では植物に対してある程度の害があったらしく、その後の病害虫の発生が促されたと推測される。

私は一九五三年から神島の森林と昆虫類を観察し続けているが、いまだかつてこのような現象を見たことはなかった。また、南方熊楠に師事して神島を見守ってきた太田耕二郎先生からも、風倒木についての関係事項は聞いたが、害虫の異常発生についてはまったく聞かなかった。

さらに一九九三年の秋から、害虫の発生地域が「おやま」全域から「こやま」にまで広がる傾向にあり、後述するドブネズミの大発生と合わせて考えるとき、今後の森林荒廃の進行が憂慮されるのである。

これらの問題については、年とともに拡大していく状況が危惧されるので、粘り強く観察し続けることが大切である。

土壌の構造が壊れて吸水力が低下

土壌の物理的状態を知るひとつの手段として、水の通過時間を目安に、数値化して調査しようという提案が吉田元重さんから出された。さっそく内径四八ミリ、長さ一一八ミリの塩化ビニール製の円筒を用意し、木槌で各地点の土中約五〇ミリに打ち込み、それに一〇〇ミリリットルの水を注いで、土壌が水を吸収し終わるまでの時間を測った。

土壌の構造がウ類の糞によって変化しているかどうかによって、その結果は大きく変わるはずと考えたのである。

森林土壌で生活する多くの土壌動物は、森林内の粘土や砂の粒と一緒に、落ち葉や小枝の朽ち木を食べ、大きな糞を出す。このため、土壌が「つぶつぶ構造」(団粒構造)になっている。その結果、植物の生育に最適の肥料分がつくられ、土中の酸素量も十分いきとどいて、すべての植物が共存できるのである。もし、ウ類の糞のために土壌動物が死んでしまっていれば、この「つぶつぶ構造」が壊れ、「土が死んだ状態」になってしまっているのではないかと考えたわけである。

糞がたまると土壌も水の通りが悪化する。円筒(中央)を打ち込んで土壌に水がしみ込む時間を調べる(1991年12月)

調査の結果は、各地域とも糞のない対照区に比べて、吸水時間が長くなっていた。しかも、糞量の多い海岸寄りの地域ほど吸水時間が長かった。心配していたことが的中したのだ。水の透過性が悪いのは、土壌が粘土質に変化したためとみて間違いない。これで、林床植物の生育も悪くなり、大木の樹勢も弱ってくるのが納得させられた。

減らない土壌中のチッソとリン

多量の糞が堆積した地点と、降糞のない地点の土を取って、中に含まれるチッソとリンを比較しようと考えた。これも吉田元重さんの得意の仕事である。

結果は一目瞭然で、糞の堆積地ではきわめて高い数値を示していた。毎月の資料を整え、一年後にはどれほど少なくなるかをみたが、最初考えたほど減少しなかった。

調査は延々と続いた。二年後になってもチッソ、リンの量はあまり減らず、やはり降糞のない地点より大きい数値を示した。三年経過しても大きな変化はなく、いったん化学物質が過剰になると、その後まったく追加されなくとも復元するまで何年もかかることがわかった。私は心の底から化学物質による環境汚染の恐ろしさを実感した。いまも跡地には

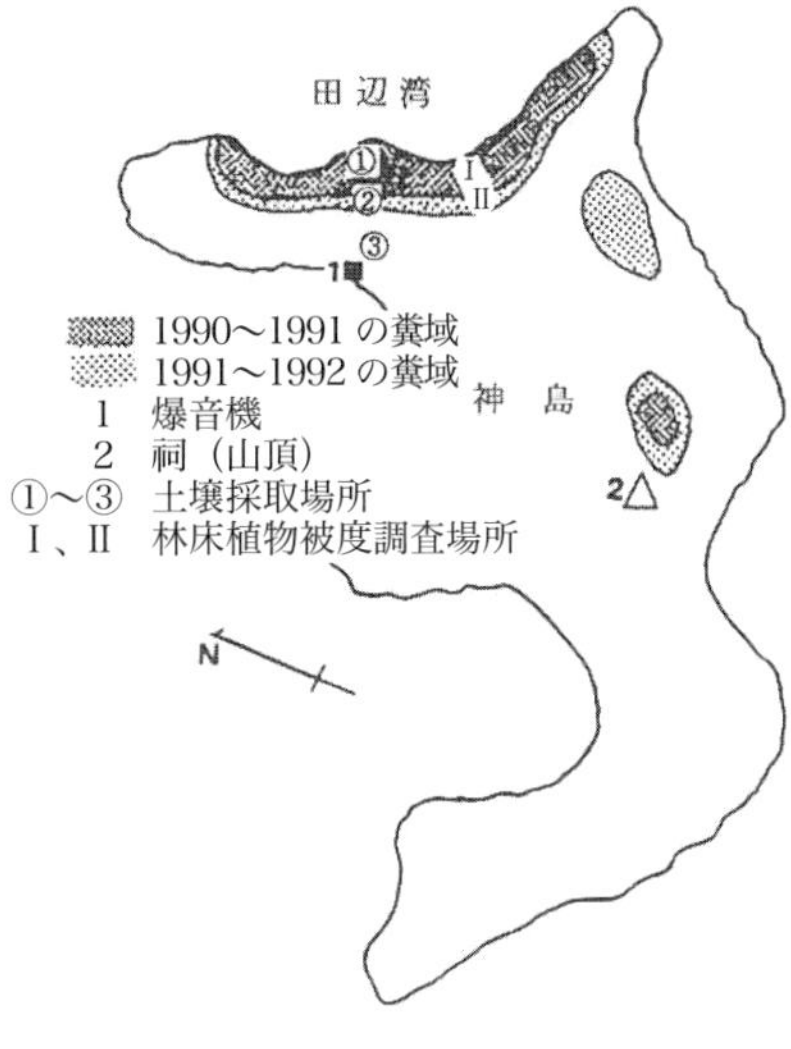

チッソ・リン量調査の土壌採取場所

出典：『田辺文化財』37（1994）

糞害で林床が傷むと「畑の草」であるハコベが生えてきた（1994 年）

ハコベやヨウシュヤマゴボウのような「畑の草」が生えている。

腐植を食べる土壌動物が減少

近年、森林伐採、都市化、市街地化、道路建設などの大規模土木事業が環境、とりわけ土壌に及ぼす影響について、土壌動物を用いて環境診断を行なおうと試みられ、世界各地で多くの研究が知られている。もちろん日本でもあるが、研究者が少なく、研究例も少ない。

幸い、和歌山県には土壌動物のササラダニ類を研究している山本佳範さんがいて、最近は遠く中国大陸奥地の国際的な学術調査にも参加している。一九八三〜一九八五（昭和五十八〜六十）年度に実施した神島の第二回総合調査でササラダニを調査・研究しており、快く引き受けてくれた。

調査は一九九一年以後、毎年続けられた。ウ類の降糞のある林分（糞害の出ている地域）と、降糞のない林分（糞害のない地域）との間で、土壌動物群相にどのような相違が現われているかを調べるのがねらいである。

神島で土壌動物を調べる後藤伸（左）と吉田元重氏（1992 年冬）

糞害のある地域から四地点（一一七ページ右図中1〜4）、糞害のない地域から四地点（同図中A〜D）を選んで、縦横各一〇センチ、深さ五センチのサンプラー（資料採取用の器具）で土壌資料五〇〇ミリリットルを取り、それらの資料を中型のツルグレン装置（土壌動物抽出装置）にかけ、四〇ワットの電球で七二時間照射する。こうして、上から温めて乾燥させると、土壌中の小型節足動物が装置の下に落ちてくる。山本佳範さんはササラダニ類専門だから、これらについては種のレベルで、ササラダニ類以外の土壌節足動物については大きいグループ名（目・科）のレベルで分類している。

糞害のある地域で個体数が増加していたおもな動物群はヤドリダニ類、ホコリダニ類、ケダニ類、ササラダニ類、フサヤスデ類、イシムカデ類、トビムシ類、ナガコムシ類であった。

ヤドリダニ類・トビムシ類は約三倍、ケダニ類・ナガコムシ類は約一三倍になっていることがわかった。これに対し、直接落ち葉を食べて土をつくる腐植食性のハマトビムシ類、ササラダニ類、オカダンゴムシ類、ワラジムシ類などは減少した。

とくに、第二回総合調査で多く生息することが確認されていた種類のササラダニ類は極端に少なくなり、イースト菌やカビ類の菌糸を食べる菌食性のササラダニ類が激増していたのであった。

土壌の「過肥料状態」をなくして、元のすぐれた土に回復させるにはこの小さな動物たちの働きによらねばならない。幸い、彼らはこのような「緊急事態」にはすぐに出現するものらしい。これらの現象は、動物体が病気で衰弱すると、すぐにこれを回復させようとする「力」が作用して、体内の有害なものをなくすよう機能し始めるのと同じような仕組みとみられる。

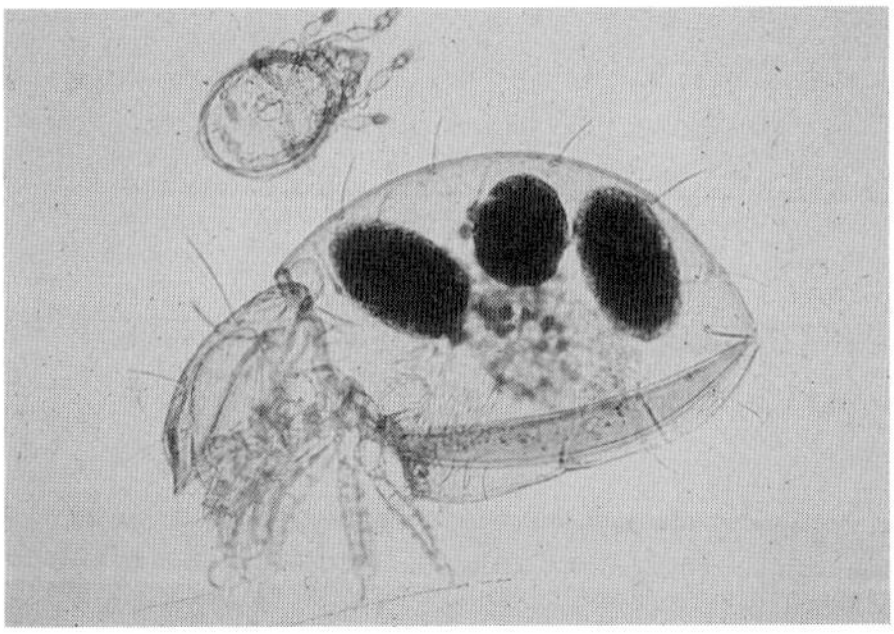

豊かな土をつくる土壌動物、ササラダニ類。
腹の中の黒い粒は糞となり、土となる
〈山本佳範氏撮影〉

コラム

◉「森のことは森に聞け」

山本佳範（県立和歌山盲学校元教諭）

学生時代に自然保護サークルをつくって活動し、和歌山に帰ってきて教員となってもそのような運動をしたいと思っていたころ、後藤伸先生と出会いました。和歌山各地の調査に同行させていただき、お話を伺う中で、今まで自分がしていた自然保護活動が何であったのかと思い知らされました。

「森のことは森に聞け」。後藤先生がいつも言われていた言葉のひとつです。大学での卒業研究のテーマに土壌動物ササラダニ類を選んだこともあり、以後、土壌動物から環境を見ることができるようになってきました。

私が初めて神島に渡ったのは一九八三年のことです。神島の総合調査が二十数年ぶりに行なわれるとのことで、後藤先生にお誘いを受け、是非にと参加させていただきました。神島はかねてから訪れてみたい場所でした。というのは、南方熊楠の島であるとともに、日本で初めて土壌動物の総合調査がなされた場所だったからです。

一九五七年、当時まだ「土壌動物」という言葉もない時代であり、「日本土壌動物学会」の前身「土壌動物懇談会」が発足する一〇年も前のことです。当時愛媛大学におられた森川国康博士により、ミミズ、カタツムリ、ハマトビムシ、ワラジムシ、カニムシ、クモ、ザトウムシ、ダニ、ヤスデ、ムカデ、昆虫など、土壌中に生息する多くの動物が紹介された、日本で初めての報告になりました。

私自身、神島での調査に参加させていただき、小さな島なのに森林の豊かなのに驚き、土の中のササラダニ類相をみてまた驚きました。小さい島にしては、非常に多くの種類が出現していたのです。

南方系を中心に、まだ日本で見つかっていないような種も多く出現しました。これだけ多くの種の生息を可能とするさまざまな環境が島の中にあるというわけで、ササラダニ類からみても非常に貴重な島でした。

先日土壌動物学の第一人者で第一〇回南方熊楠賞受賞者の青木淳一博士を神島にご案内し、その説明を後藤先生がして下さいました。私には一〇年ぶりの神島でしたが、平成十年の台風による惨劇の状況がこれほどまでに、と驚きました。さっそく土壌資料を採集して持ち帰りましたが、二十数年前には三種いたコナダニモドキ（ササラダニ類）の仲間は残念ながら出てきませんでした。森林の荒廃にもっとも弱い仲間たちです。

森林の破壊は一瞬です。しかしその回復には何十年、何百年の時間がかかります。神島の森林の回復にあと何十年、何百年かかるかはわかりませんが、この島を子に、孫にと伝えていく責任が私たちにあると思います。後藤先生が私たちに伝え、残して下さった「自然の見方」と私たちの英知を結集して、神島の回復を考えていかなくてはならないと思います。

和歌山県で数少ない土壌動物学者の山本佳範さん。枯れた樹の皮の下に棲む微小な虫を調べているところ

3 かすかな光明――自然の自己回復力

植生を復元するために何が必要か

南方熊楠が「保護しなければならない貴重な森林」と提唱して、国の天然記念物に指定され、無断上陸を禁止して厳重に保全されてきた神島の森林が、そのためにウ類やサギ類の安全な「ねぐら」となり、その糞によって森林が荒廃していくという現象は何とも皮肉なことである。

神島の森を保全するもっとも根本的な方法は、ウ類やサギ類に豊富な餌を提供している養殖漁場をすべて撤廃するか、他地域に移動することである。これが可能であれば田辺湾内の海水汚染は確実に減少するものと考えられる。しかし、養殖漁業を撤廃するということは、日本の産業構造にもかかわる重要な問題であるため、容易に解決するとは考えられない。

また、紀伊半島沿岸部の養殖漁業適地では、ほとんどの地で実施されているだけに、他の地域に移動することも不可能である。そのうえ、このウ類は三〇キロメートルの半径で行動するというから、神島からねぐらを移して解決するには、きわめて困難な問題を含んでいることがわかる。

島にウ類を近寄せないための装置のひとつ、爆音機を一九九二年二月十二日～三月二十五日設置した。

約一週間は確かに効き目があったようで、ウ類はねぐらを一時、南東海岸のほうに移動させたが、その後再び北東部に戻っている。

もうひとつの音波発信機はウ類が繁殖のため営巣地に帰り始めた三月二十五日に仕掛けられた。ウ類は音や周囲の環境の変化に敏感であるが、すぐ慣れるようである。しかし、ある程度の反応がウ類の群れに現われていたので、田辺市当局と協議しながら継続した。

九二年九月、田辺湾に多数のウ類が飛来したとき、神島はねぐらに利用されなかった。それ以降、神島の森ではウ類の飛来はほとんど見られなかった。

これでウ類やサギ類の糞害を防ぐため、やっかいな機具や装置を設置しなくてもいいのだ、と考えた矢先、九六年正月過ぎに一〇～二〇羽のウ類の群れがまた飛来するようになった。小群で糞は海水面に落ちて森林に直接被害はないが、飛来し続ければ島から海面上に突き出した植物の回復は不可能になる。

田辺市教育委員会の粘り強い努力で、ウ類やサギ類の大群は一応は姿を見せなくなり、枯れかかっていたクスノキの大木も再び

「おやま」の糞害が集中した地点（1999年2月14日）

葉をつけ始めて、森の緑は回復しつつあるように見える。一時大きく取り上げたマスコミも、これで神島の森は救われた、「終結宣言」を、といってくれる。

しかし、事態はそんな簡単な話ではない。神島の森林が一部分であれ、枯れてしまったという事実は重大な問題である。原生林で「森の一部分が枯れた」ということは、「今後数十年かかって枯れが広がっていく」ことを意味している。

私は今後神島の森の枯れについて、島全体の三〇％に止めるか、五〇％までやられるか、その分かれ目にいると見ている。

仮に三〇％に止めるにはどうすればいいのか。方法は基本的にはわかっているが、実際には不可能といえる課題がいくつもある。

さしあたって、今すぐになんとかしなければならないことがふたつある。

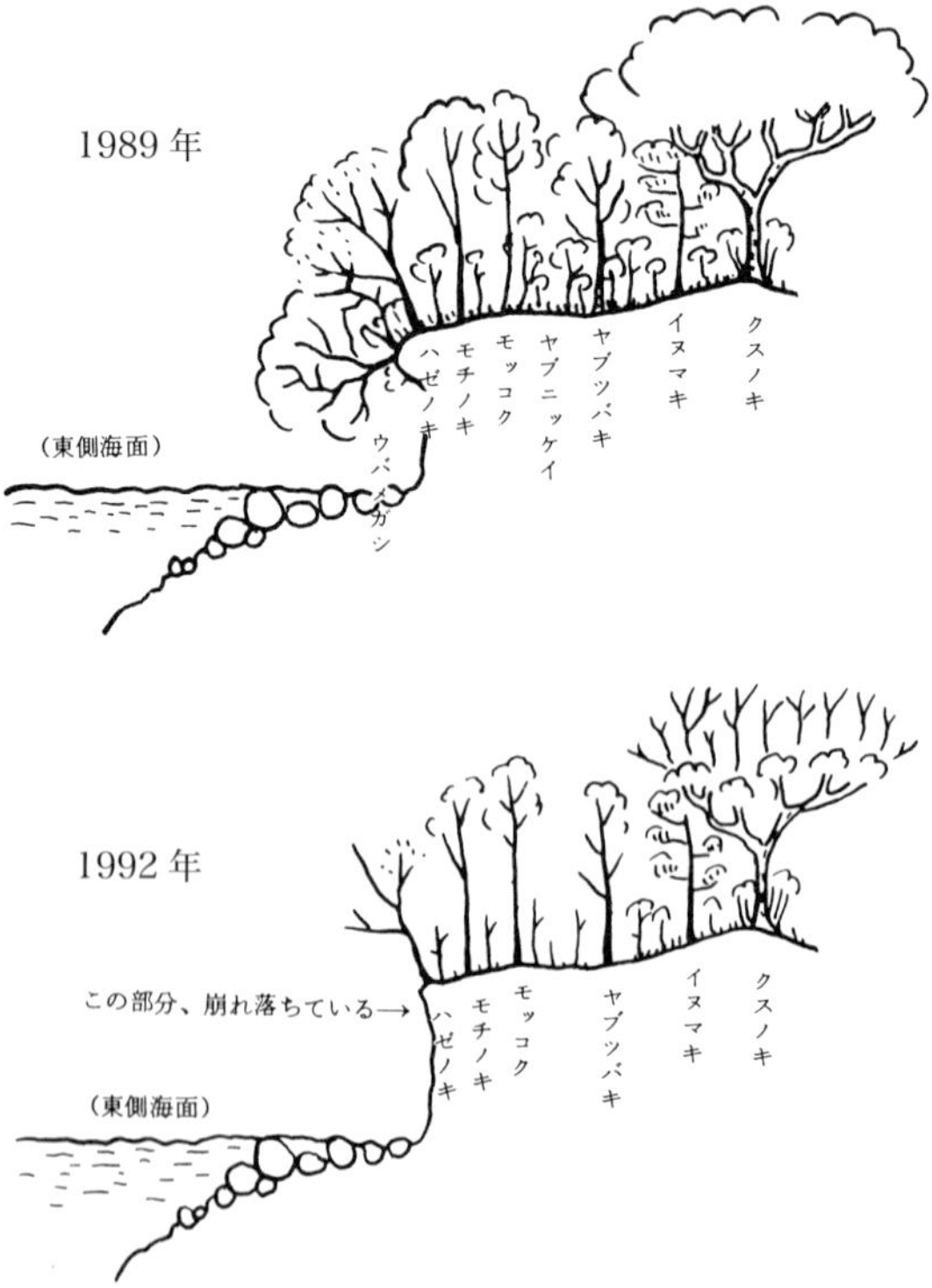

1989 年と 1992 年の「おやま」東部の森林断面模式図

出典：『田辺文化財』37（1994）

ひとつは土壌流失の防止。樹木が枯れてしまった地域については、表土が流失しないよう、なんらかの策を立てる必要がある。風当たりの強い崖地に生え、糞害の初期段階で枯れたウバメガシの老木は、すでに岩壁上の株ごと海に崩れ落ちたと前に指摘したが、崖地そのものが崩壊している部分もある。海岸に近い部分では、樹木だけでなく林床の下草類も枯れ、表土が雨の粒に直接たたかれる状態にもなった。

表土が流れてしまったらどうなるか。海岸で潮風を浴びる岩場に植物は育たない。潮風を防ぐ植物が生えないかぎり、森林内に潮風が入り込み、樹木は次々と枯れていく。このような例は、Ⅱ章の3でも少し触れたが、神島の半分も枯れてしまうのはこのような場合である。

この表土流出の対策として何らかの土木工事が必要であると考えられるが、原生林内でのコンクリートの使用はかえって森林の荒廃を助長するものであり、法的にも許されない。したがって、何でもいいから神島内に生えている植物を繁殖させて、雨水で表土が流されないようにすることが急務だろう。

小鳥が運んだ種子が発芽して土壌を守る

もうひとつはマント群落の復活。マント群落とは森林の外側をおおっている直射日光や強風・乾燥などに強い植物群のことで、海岸部でこの群落に少しでも空間ができると、たちまち森林内部が荒廃する。

糞害地域でのマント群落はウバメガシ林やツル植物群が多数を占めているが、糞害で消失したり枯れたりして、その機能が完全になくなっている。そのため森林内部でも林床の低木層や草本層が弱体化し、樹間に広い空間が生じ、強風によって潮風が多量に侵入している。この状況では、台風時に強風や打ち上げる海水によって森林の広範囲な崩壊が予測される。早急にマント群落回復の施策を講じなければならない。

そこで、島内に生育している植物のうちで、挿し木が容易で、砂防に効果のあるものを選び、増殖させるよう提案した。とりあえず、ダンチク、マサキ、テイカカズラ、フウトウカズラなどが該当種と考えられる。

ダンチクは和歌山県下では海岸防風林として広く利用されているうえ、神島にも多数生育している。この植物は成長が早く、森林が発達すると枯れて消滅する利点がある。マサキ、テイカカズラ、フウトウカズラなども同様の性質をもち、神島では海辺の肥沃地や林縁に多数生育している。これらの植物を利用するのは容易であり、今後の低木林の発達状況に応じて増減できるという利点もある。他から植物を移入したり、コンクリートや杭・板などを持ち込んでの施業などは厳に慎まねばならない。

そこでダンチクを挿し木し、マサキ、テイカカズラ、フウトウカズラなどのツタを移植してみたが、九三～九四年はすべて失敗した。理由は簡単。土中に肥料分が多過ぎて、全部腐ってしまうのである。鳥の大群が来なくなっても、土中のチッソやリンが減るには何年も待たねばならないのだ。

ところが、九四年春、挿し木することも植えることもできなかった糞害地に、ハコベやヨウシュヤマゴボウというような、農耕地の植物が生え始め、やがて地面全体に密生してきた。これはすばらしい朗報で

糞で林床（土壌）が傷むなか、ヨウシュヤマゴボウが生えてきた（おやま、1994年）

ある。農耕地の植物は肥料分が多過ぎる地でよく育ち、地面を覆い尽くしてしまう。おそらく、神島で巣をつくっているムクドリやキジバトその他の小鳥たちが、陸地側の畑から種子を運んできたのだろう。ウやサギなどの糞には植物の種子が入っているはずがないのだから。これで、第一に心配していた表土の流失は解決したことになる。

次の課題はマント群落をいかに発達させるかだが、その条件として土壌中のチッソやリンの量が今後さらに減少することに期待したい。

異常発生したドブネズミによる大被害

神島が動物によって大きな被害を受けたのは、じつはウ類だけではない。過去の記録では、島内での哺乳類の生息報告はまったくないが、一九八三〜一九八五年度の第二回総合調査当時から、ネズミの一種が生息しているのではないかと思われる形跡はあった。

なかなか確認できなかったが、九〇年に入って磯釣り客から「大きいネズミ」を見たとの情報を受けた。その後、調査時に注意していたところ、ウ類の糞害拡大とともに島内の下草の間に、小型哺乳類の通路ができ始め、やがて縦横に見られるようになった。また、その動物が掘ったと見られる穴が、至る所に多数できてきた。小動物の通路や

砂浜に残されたドブネズミの足跡。約３cm もあった（1992 年１月）

巣穴は、九三年になって極端に増加し、もはや見過ごすことができなくなった。

もっとも深く安定した「おやま」の森林内で、ドブネズミのせいで、モッコクやヒメユズリハ、ヤブツバキなど大木の根ぎわの樹皮がすっかりかじり取られてしまい、そのまま枯れてしまうものまで出現した。落ちたヤブツバキの花やハカマカズラの種子もすっかりなくなり、毎年初冬ににぎわう樹下の林床もまったく淋しくなってしまった。

最盛期のドブネズミの巣穴。島全体が穴だらけになった（おやま、1993年冬）

大発生したドブネズミ。大きいものは体長37cmもあった（1992年1月）

九四年一月四日、哺乳動物専攻の鈴木和男さんと後藤岳志（後藤伸の長男）の三人がネズミ用の大型トラップで捕獲、確認することに挑戦。用具は網篭型ラット用トラップ六個と、イタチ用「とらばさみ」六個。網篭には餌（テンプラ）をつけ、「とらばさみ」には餌をつけず通路に仕掛けた。

設定中に、鈴木さんが穴から出てきたドブネズミを発見。大きく成長した「大物」であった。翌日トラップを回収した結果、「とらばさみ」で三頭のドブネズミが捕獲されていた。一頭は雄の成獣で、頭から尾までの長さが三七センチもあった。即刻、冷凍標本にし、北海道大学和歌山演習林（東《ひがし》牟《む》婁《ろ》郡《ぐん》古座川町平井）の青井俊樹林長（当時）に送った。

青井林長に調べてもらった結果、ドブネズミであることが確認された。青井林長は神島でのドブネズミ大発生の状況を、奈良教育大学の前田喜四雄《まえだきしお》教授に連絡。九四年一月二十八～三十一日に現地調査を実施することになった。

海を渡ってきたキツネが捕食して一掃

「おやま」と「こやま」の全島に、二七四個のスナップトラップを設置してネズミの捕獲を試みたところ、幼獣を含めて一〇個体（雄四、雌六）を得た。しかし、ドブネズミの生活痕跡に比べて捕獲数が少ないため、あらためて島内を精査したところ、ドブネズミの捕食者として重要なキツネの糞とフクロウを発見した。

当日、キツネの生息している痕跡は見られなかったが、糞の状況から、調査の数日前まで確かに生息していたものと推察された（前田喜四雄氏の未発表資料から）。

神島は田辺湾内の離島だが、陸地からの距離は干潮時で約三〇〇メートルと接近するため、陸地側の動物との関連性も考慮して調査する必要があった。つまり、神島は離島ではあるが、陸地から隔離され

泳いで渡ってきたのだろうか。キツネの糞も見つかった（1994 年）

ているのではなく、陸地側の動物とつねに深いかかわりがあるということである。

詳細な調査報告は前田教授によって発表されたが、神島に残されたドブネズミの痕跡は数百頭以下の数ではないと推察された。そのドブネズミが一頭のキツネの一日の捕食で激減するはずはない。少なくとも複数のキツネが渡来したか、一頭のキツネが数日以上滞在したらしく、盛んに捕食しなければ、このような状況になるとは考えられない。

キツネの渡来を証拠づけるかのように、当日、後藤岳志はシカの糞を拾った。糞塊は一カ所で、糞の数は少なかったが、シカのものであることは疑う余地がなかった。おそらく、人やイヌに追われて神島に渡ったものと考えられるが、少なくとも大型哺乳類にとって、神島と陸地側との間の狭い海域などは移動の妨げになっていないのかもしれない。

いずれにしても、異常大発生をしたドブネズミと、その捕食者キツネの出没は、今後の神島の森林の回復に、かすかな明かりを見せたものとも考えられる。

私は、新庄町鳥ノ巣付近の岩陰に棲んでいるキツネが、神島から流れてくるかすかなネズミの臭いを嗅ぎわけ、寒い冬の海に入って一直線に泳いで渡る姿を思い浮かべた。自然の仕組みとはこれほどまでに微妙に繋がっているのか、としみじみ考えさせられたものである。

キツネの渡来は、その後さらに数回に及んだだろう。九五年秋、ドブネズミの数は激減した。それとともに、下草の間に網目のように発達していた「通路」はほとんど消えてしまった。九六年秋、ドブネズミの生息を示す痕跡も、キツネの渡来した形跡もまったく見られなくなった。

ところが、九六年十一月、私は神島の森林内で大きなタヌキの糞塊とイタチの糞を発見した。ひとつずつだけだったが、タヌキもイタチも渡来していたのである。九七年七月初めにも、タヌキの糞塊を発見した。

しかし、その数と林内の状況から推察して、これらの中型動物は神島では定住していない。激減したドブネズミは、おそらく打ち上げられた魚の死骸や多数生息する昆虫類を捕食しているのだろう。タヌキの糞からはモチノキの実も多数まじっていた。

神島の森林がカワウの糞で枯れていく仕組みをここであらためて整理すると、およそ次のようになる。

カワウのような動物食をする鳥の糞は、粘っこくて葉にべっとりと付着する。葉の全面につくと光合成ができなくなり、枯れ落ちてしまう。落葉すると、今まで光を見なかった樹下にも直射日光が入り、日陰を好む低木や下草が衰弱する。葉を落とした森では、糞が直接下草にも降り注ぎ、樹下の地表はすっかり糞が堆積し、チッソやリンが膨大な量になると、森林性の土壌生物相は変化し、土壌は劣化し、大木は株元から腐

神島を前に、島の森の大切さ、海や陸とのつながりなどを訴える後藤伸（1998年8月）　〈雑賀桂氏撮影〉

敗して森林は壊滅する。

森林が消滅し、糞の堆積がなくなっても、土壌中の成分が復元するのに少なくとも五年はかかる。その間、新たに植物が生育してくる見込みはない。やがて跡地の表土が流失し、岩盤が露出する。

神島はカワウの糞の堆積で、土壌中のチッソやリンの含有量が極端に増加したが、カワウの飛来がなくなると、それらの含有量は徐々に減少してきた。チッソの含有量については、最大時には平常時の八倍を超えていたが、カワウが来なくなって二年後には三・五倍まで減少した。また、リンの含有量については、最大時は平常時の三五倍にも達したが、同二年後には一五倍まで減少した。その結果、五年後には本来の林床植物であるホソバカナワラビの群落も回復してきたが、大木や古木の枯れは徐々に内部の森林に広がる気配を見せている。

一方、海側のマント群落は着実に発達しつつあり、全体として神島の森林はいま、荒廃が広がる一方で回復の兆しが確かに感じられるという、もっとも微妙な時期にさしかかっていると思われる。ウ類の糞害による島内森林の変化は、ドブネズミの異常発生を招いたが、やがてキツネなどの捕食動物が出没するようになる。このことは、生態系安定化のきざしともいえ、今後の森林の回復にかすかに明るい希望をもたらしつつある。

神島でのこのような連関を単純化して示せばこうなるのではないか。

《養殖漁業→海水汚染→小魚繁殖→カワウ飛来→森林荒廃→ドブネズミ大発生→捕食動物渡来→林縁群落の回復》

コラム

腹鼓打つタヌキを思う

前田亥津二（日本野鳥の会和歌山県支部元幹事、故人）

神島へは後藤先生のお供をして何度か行った。

かつて、この島に、ネズミが大増殖し、そのあとネズミを捕食するキツネがやって来て、間もなくネズミは絶滅したという話を聞いたことがあった。キツネはこの島にどのようにして渡って来たのであろうか、やっぱり自分で泳いで来たとしか考えようがないではないか、などと話し合ったことを覚えている。

この森の中で、一九九六年九月十一日、獣の糞を見つけた。

それはキツネのものでも、人間が連れてきたイヌのものでもなさそうだ。植物の種子がいっぱい含まれている。テンの糞とは大きさが違う。だとすると、タヌキのものか。私は、その糞を拾って帰って、ていねいに洗ってザルにあげて調べてみた。出てきた植物の種子は全部モチノキの種であった。やっぱりタヌキの糞に違いない。

しかし、島内には獣道も見当たらないし、いわゆる「ため糞」ではなく、一回分だけだから、このタヌキは長くこの島に滞在しているものでもないらしい。

タヌキはこんな離れ島にまでやって来てタネまきをしたのだ。植物の繁殖というものは、じつにおもしろいもので、風や水や鳥や獣によって、どんな孤島にも種子が運ばれて、そこに森林ができ、その森林が更新遷移していく。その大きな過程の一端を見た気がした。

神島の森で見つかったタヌキの糞（1999年1月27日）

それにしても、このタヌキはいったい何の目的で、どのようにしてこの島へやって来たのか。大潮の干潮時でも、いちばん近い海岸からでも、三〇〇メートル近くはありそうなこの島へである。考えても答えは見つからない。

そこで私は、勝手に物語をつくった。荒唐無稽な私の思いつきはこうだ。

——ある満月の夜、山のタヌキたちは腹鼓を打ちながら狸囃子《たぬきばやし》を踊っていた。しかし、その中に一人だけ、コロンブスかマゼランのように、海のかなたにあこがれているのがいた。彼は、かなたの島を目指してザンブと海に飛び込んだ。彼の名前はポンポコロンブス……以下略。

神島と陸地の距離は約 300m。向かいは田辺市新庄町鳥ノ巣（2002 年 12 月）

〈紀伊民報提供〉

4 ほかの島でも深刻な糞害

神島より被害が進行した九龍島

ウ類の糞が県内の島の森林に、多大の影響を及ぼした典型的な事例はふたつある。ひとつは古座の九龍島。紀伊半島の南端に近い古座町にある。古座川の川口から沖合約一キロメートルの無人島である。神島と並んで県内でもっともすぐれた原生林のひとつとみなされていた。断崖絶壁に囲まれた岩山で、頂上に小さな祠があり、全島が神社林として保護されてきた。

森林植生はタブノキ林、スダジイ林、ウバメガシ林などで構成され、田辺湾の神島と似ている。しかし、林床の植物には亜熱帯性の大型草本アオノクマタケランが群生しているほか、イワヒトデ、タマシダ、ヌリトラノオ、ハチジョウシダなど暖地性のシダ植物が密生し、県内のどの島よりも温暖多雨地の林相を示していた。生息している昆虫もとくに南国の傾向が強く、全国的に見てもかけがえのない自然とみなされていた。

九龍島へのウ類の飛来数が増加し始めたのは、神島に大群が集中する一〇年近く前の一九八〇年ごろである。平成に入ってからは二〇〇〇羽前後に達したという。

私の観察では集団の大部分はカワウで、餌場は主として串本町の大島周辺の海域だった。しかし、季節によっては、古座川の落ちアユをねらって川に集中したり、海が荒れたときなどは川口の洲に集団で避難していたりしているのが見られた。

このため、ウ類の大群が九龍島に飛来するようになったのも、田辺湾と同様、海域汚染による餌の増加と完全に保全された安全な島の存在が要因と考えられる。

ウ類の大群のねぐらは九龍島の東向き斜面に集中し、樹上から落とす糞によって徐々に枯れていく。すでに東向き斜面全域の森林が枯木となり、林床の植物もほとんど全滅した。

さらに、初期に枯れた海岸部では表土の流失も始まり、岩盤の露出した部分も出現した。破壊された林分から、台風時には海水が強烈に吹き込み、森林の荒廃は将棋倒しのように他の地域に蔓延する。神島よりかなり進行した最悪の状況だと考えられる。

串本町古座浦沖に浮かぶ九龍島　〈雑賀桂氏撮影〉

島の原生林の場合、斜面のひとつが枯れると隣接した他の部分まで広がっていく心配が強いが、九龍島ではすでに島の頂上部の林冠を占めていたスダジイやタブノキの大木も倒壊し、周辺部に広がりつつある。

九六年当時も古座町の教育委員会は防除対策を施しておらず、ウ類は相変わらず九龍島に飛来し続けていた。断崖絶壁に囲まれた同島では、神島のような爆音機の設置は困難で、対策の施しようもないようにも見える。しかし、他の斜面の森林は、枯木の侵食に蝕まれながらも健在である。貴重な生物が豊富に生育する「宝庫」の生きている斜面だけでも、次代に残せないものだろうか。

鹿島の南側に広がるスダジイ林の謎

もうひとつは南部《みなべ》の鹿島。神島と同じように「かしま」と呼ぶが、田辺湾の北隣、みなべ町の沖合約一キロメートルの海上にある。南北方向に三個の山がつながった形をしている。みっつの鍋をひっくり返したようだという人もいる。

全島が照葉樹林に覆われ、宿泊施設らしい建築物の跡が見られる北側と中央の山はタブノキ林、神社のある南側の山頂はスダジイ林である。いずれの森林も少し荒廃が進行している傾向にあり、何か開発事業を実施したための「傷跡」が残っているように見える。

ウ類の大群は南側の山の東斜面に集中し、ねぐらに利用している。この斜面は陸地側からよく観察できるので、大群が飛来した場合には糞のため樹林に雪が降ったように白くなって見える。

鹿島にウ類の大群が飛来し始めたのは、神島より少し早い一九八五年ころ。初めは個体数も少なく問題にされなかったが、神島と同様、平成に入ってから急激に増加して大群となり、樹木が枯れて岩壁が露出し始めた。

一九九三年当時、カワウは約五〇〇羽を数えたが、例年、ほぼこれくらいが冬から春先にかけ、鹿島をねぐらに飛来しているようである。

鹿島で注目したいのは、みっつの山のうち北側のふたつの山がタブノキ林であるのに、カワウの大群が飛来する南側の森林だけがスダジイ林になっている点である。立地条件を詳細に調べてみたが、南側だけがスダジイ林になる条件が発見できなかった。かつて鹿島は全島タブノキ林で占められていたのではないか。

鹿島へのカワウの大群の飛来は古くからあり、その段階で南側の山のタブノキ林が枯れてしまい、その後スダジイ林として回復してきたと考えたら、この状況が説明できるのではないか。これは大胆な私の推論であるが、このような事実が過去にあったとするほうが自然な気がする。

Ⅳ 台風で壊滅した神島
——真因を探る

◉後藤　伸
◉玉井済夫（共同執筆）

1998年9月22日の台風9807号により樹木が倒壊し、地表が露出した「おやま」
（1999年1月27日）

1 一度の台風で甚大な被害

神島に集中した台風被害への疑問

一九九八年九月二十二日、台風九八〇七号は田辺湾沖を通過して御坊市付近に上陸した。この台風は同月十七日にフィリピンのルソン島の東で発生し、北東に進んで日本に向かってきた。はじめは小型であったが、進むにつれてだんだんと勢いを増し、二十二日に室戸岬の南約一五〇キロメートルの海上で中型の強い台風となり、中心気圧は九六〇ヘクトパスカル、中心付近の最大風速は四〇メートル毎秒となった。

しかも、当時の海水温が高く、陸地に接近しても衰えることなく、強い勢力のまま田辺湾沖を通過して、二十二日十三時すぎ御坊市付近に上陸した。このコースは田辺市にとっては最悪のもので、田辺湾沖通過時の中心気圧は九六〇ヘクトパスカル、平均風速二〇・九メートル毎秒、最大瞬間風速は五一メートル毎秒で、神島でもそれに近い強風が吹いたに違いない。

こうして湾内の孤島である神島に対して相当の強風が吹きつけ、森は壊滅状態になった。しかし、神島の樹木がこの強風だけのために倒れたとするのは、いささか表面的すぎて問題が残る。というのは、田辺湾沿岸に点在する神社林や海岸林では、この台風による被害はそれほどなかったからである。ご存じのように台風がこの地方を通るのは昔から普通のことであり、台風九八〇七号の規模にしても進路にしても、とくに珍しいわけではなかった。

台風九八〇七号が通過した直後の九月二十五日、後藤と玉井はその被害状況を見るため神島に渡った。森の状況は目を覆うほど大変なものだった。森（自然林）の樹木がこんなにもへし折られ、倒れている姿はこれまでに見たことがなかった。まことに驚くべき様子であった。

「おやま」の北側にある砂浜（熊楠の歌碑がある場所）から森を見上げると、尾根部の林冠は無残な姿となっていて、樹木はまばらとなり、立っている木は枝葉が払われて裸同然となっている。この砂浜から森に入る小路があり、それをたどると尾根筋を歩いて神島明神の小さな祠《ほこら》に着く。しかし、倒れた樹木が重なり、その道はまったくわからなくなっている。尾根の南側の崖地では樹木がなぎ倒され、地肌がむきだしだ。

やっとの思いで祠につくと、祠の上を覆っていた樹木の枝葉がなくなって、祠に日がさしている。祠から先の尾根筋では、木が倒れたために、その木によじ登っていたハカマカズラも倒れた樹木とともに下に落ち、そのツルが網目状になって、いかにもハンモックのような状態となり、しかも今まで歩くことができた尾根部は、地面に落ちたそのツルで埋まり、先に進む

ハカマカズラが落ちて地表を覆う
「おやま」の尾根部（1998年9月25日）

こともできない。

何とか島の一部を見て回ったところ、太い幹がボキッと折れたもの、樹幹がねじ曲げられたもの、太い枝が引き裂かれたもの、枝がことごとく引きちぎられたもの、また、尾根にあったホルトノキの大木は根こそぎ倒れて、その根は岩石をつかんだようになって空中で上を向いている。さらに根元から倒れた樹木の下敷きになって、若い木や幼木なども折れたり曲がったりして被害が及んでいる。森の樹木は見るからに無残な姿となっていた。

一方、「こやま」を見て回ると、南東の崖地にあった樹木のほとんどがなくなり、大きなクスノキは倒れて海岸に横たわっていた。その崖は裸になり、ここでもハカマカズラなどツル植物が落ちて地面を這い、じゅうたんを敷いたようである。尾根部はやはり地面がむき出しになっている。「こやま」全体の被害状況も「おやま」と同じだった。

台風で樹木が倒れ、表土がもちあげられた「おやま」の崖地（1999 年 3 月）

その後、十一月十五日から被害調査を始めた。小さな島の森林とはいえ、五〇〇本近い調査対象樹木の毎木調査を続けた。離れ島へ渡船《とせん》で渡っての調査であり、林内も思うように歩ける状態ではない。それに加えて、後藤、玉井の健康事情や家庭事情、それに他の仕事との関係などもあって思うように進まず、二〇〇一年三月まで、二年半もかかった。その間、次のみなさんや、田辺市教育委員会文化振興課の方々に

1980年の「こやま」東側

1999年1月27日（台風9807号の4カ月後）の「こやま」東側

も手伝っていただいた（勤務先、所属は当時のもの）。

【調査協力者】
田中昭太郎（日本甲虫学会）、鈴木和男（日本哺乳類学会）、後藤岳志（県立熊野高等学校、南紀生物同好会）、土永浩史（県立田辺商業高等学校、日本蘚苔類学会）、土永知子（県立熊野高等学校、日本変形菌研究会）、山本佳範（県立和歌山盲学校、日本土壌動物学会）、米本憲市（県立南紀高等学校、日本生態学会）、弓場武夫（農業、南紀生物同好会）

おもな木の三割以上に深刻な打撃

この被害を調べることを検討した結果、一九八六年完成の「顕著樹木所在図」の調査結果を基にして、顕著樹木の損傷の実態を一本一本調査（毎木調査）することになった。樹木の損傷（被害）の状態から、樹木の損傷度合い（被害度）をよっつに区分した。

表土と樹木が崩落した台風通過直後の「こやま」南東面（1998年9月25日）

被害度四【枯死・倒木】　「枯死」というのは、一九八三～八五年度の調査時には生きていたが、その後、遷移の過程で枯れたか、ウ類による直接・間接の影響で枯死したもの。「倒木」は、台風九八〇七号により倒れたものが大部分であるが、それ以前に倒れていたものも含む。

被害度三【半枯れ・損傷大】　台風九八〇七号により主幹が折れたもの、根元が傾いたもの、主幹が著しく傾いたもので、今後の生育が危ぶまれるもの。

被害度二【一部損傷】　一部の枝や樹冠部の枝に損傷があるが、樹木全体としては大きな被害はなく、今後も生育を続けると考えられるもの。

被害度一【健全】　小枝にいくらか被害がある程度で、生育にはとくに支障はないもの。

今回の調査は私たちが「顕著樹木所在図」を作成してから一五年後ということになる。そのため、表中の被害度四「枯死・倒木」というのは、台風九八〇七号が来る以前に何らかの要因で枯れて「枯死・倒木」となっていたものと、台風九八〇七号による

ただ1本生き残っていた胸高直径60 cmのアキニレも砂浜に倒れた（おやま中央部、1999年3月29日）

ものとを区別しながら調査した。「枯死・倒木」という状態についてさらにくわしく説明すると、次のような内容になる。

▼一九八六年の「顕著樹木所在図」に記載している樹木の中で今回見つからないもの（滅失）。
▼すでに枯れて倒れて腐っているもの。
▼枯れて立っていたものが台風で倒れたもの。
▼台風時に生きていたが、強風により倒れたもの。

同じように被害度三［半枯れ・損傷大］や被害度二［一部損傷］についても、樹木が損傷している内容も含めて記録した。

こうして調べた結果から見ると、一九八六年から二〇〇一年の一五年間で、枯死あるいは倒木によって顕著樹木が消滅したのは、「おやま」では顕著樹木全体の二四％（八〇本）であった。これに台風九八〇七号による倒木一一％（三六本）を加えると、被害度四［枯死・倒木］は全体で三五％（一一六本）、さらに被害度三［半枯れ・損傷大］二四％（八一本）を加えると五九％（一九七本）になる（「おやま」の顕著樹木の総数は三三六本である）。

同じようにして「こやま」についてみると、一五年間で顕著樹木が消滅（枯死あるいは倒木）したのは顕著樹木全体の三五％（五〇本）で、これに台風九八〇七号による倒木一〇％（一四本）を加えると、被害度四［枯死・倒木］は四五％（六四本）、さらに被害度三［半枯れ・損傷大］九％（一三本）を加える

「おやま」樹種別被害状況

樹木の状況 / 樹種	枯死倒木	半枯れ損傷大	一部損傷	健全	合計
ハゼノキ	23	19	11	3	56
ムクノキ	15	14	12	3	44
エノキ	6	5	15	3	29
モチノキ	3	4	14	5	26
ヤブツバキ	7	5	10	5	27
バクチノキ	6	9	5	1	21
ヒメユズリハ	16	1	1	2	20
モッコク	10	2	2	2	16
クス	1	7	4	2	14
ホルトノキ	5	1	6	3	15
イヌマキ	3	4	6	0	13
ウバメガシ	2	3	7	0	12
ハカマカズラ	4	1	3	2	10
ヤブニッケイ	2	1	6		9
タブノキ	1	3			4
クスドイゲ	2		1		3
ウラジロガシ			2	1	3
カクレミノ	1			1	2
カゴノキ		2			2
カラスザンショウ	2				2
ヤマモモ				1	1
イヌビワ	1				1
センダン	1				1
ヤマザクラ	1				1
アキニレ	1				1
ネムノキ	1				1
トベラ	1				1
オオシマザクラ	1				1
合計	116	81	105	34	336
割合（%）	35	24	31	10	100
	59		31	10	100

出典：『田辺文化財』41（2001）

「こやま」樹種別被害状況

樹種＼樹木の状況	枯死倒木	半枯れ損傷大	一部損傷	健全	合計
モチノキ	6	4	11	16	37
ヒメユズリハ	22		4	7	33
ハゼノキ	12			3	15
クス	3	3	3	3	12
イヌマキ	2	1	6		9
ホルトノキ	2	4	1	1	8
エノキ	3	1		3	7
モッコク	4		2	1	7
ウバメガシ	5			1	6
カゴノキ	1		1		2
ヤブツバキ			1		1
カクレミノ	1				1
ヤブニッケイ	1				1
タイミンタチバナ	1				1
トベラ	1				1
合計	64	13	29	35	141
割合（%）	45	9	21	25	100
	54		21	25	100

出典：『田辺文化財』41（2001）

と五四％（七七本）になる（「こやま」の顕著樹木の総数は一四一本）。

こうしてみると、顕著樹木のじつに半数以上が枯死したか、それに近い状態にあり、台風九八〇七号による倒木と被害度三「半枯れ・損傷大」は「おやま」で三五％（一一七本）、「こやま」で一九％（二七本）に及んだ。森林の荒廃や樹木の枯死は、たんにひとつの要因によるものではなく、いくつもの要因が直接・間接に、そして複雑にからみ合い、それに時間（年月）の要素も加わっていることは当然である。

ちなみに、一九八六年の「顕著樹木所在図」では四本となっていたタブノキだが、今回の調査でじつは六本だったことが判明した。慎重を期した調査でも、誤ってクスノキとされていたものが一本、見落とされていたものが一本あった。

2 台風被害を拡大させた条件

半世紀かけて進行していた森の衰退

台風九八〇七号による被害は、田辺市やその周辺でもたいしたものではなかった。にもかかわらず、神島への被害が甚大だった。この理由を探るには、この五〇年ほどの神島周辺の環境の変化を考えざるをえない。

昔の神島の森は、台風などではびくともしないほどの森だったが、近年はその森が病んできていたのである。遠くから見る森は、昔も今も同じように見えるが、じつは森を構成する樹種は入れ替わり、森の成り立ちが変貌していたのである。つまり、少しの風にも弱くなっていたといえよう。

南方熊楠らは、一九三四（昭和九）年に「田辺湾神嶋顕著樹木所在図　其の一（こやま）・其の二（おやま）」を作成している。これには、神島の主要な樹木と位置を地形図に記していて、当時どういう種類の樹木が多かったかがよくわかる。

この図には二七種三二七本の樹木が記されている。そのうち、三九本がタブノキである。このことから当時の神島の森はタブノキが高木層の林冠を占めていて、タブノキ林であったことがうかがえ、相観的にも大変深い森の様相を示していたに違いない。「おやま」の大部分がタブノキで覆われ、周辺部にウバメガシ林、外縁にアキニレ、クロマツ、センダンなどの巨樹が生育していた。

熊楠らは、この「田辺湾神嶋顕著樹木所在図」を添付して、一九三四（昭和九）年に神島の森を国指定の天然記念物に申請し、翌一九三五年に指定された。その後は、神島は当地方の重要な森林（照葉樹林の原形）として大切に維持されるべく施策がとられた。

神島の森が国の天然記念物になる前、一八八二（明治十五）年ごろと一九一一（明治四十四）年に一部の樹木が伐採されている。一九一一年の伐採は新庄村（当時）の小学校改築のためだったが、もちろん熊楠も反対し、神島の森は残された。しかし、この伐採が「おやま」の森に与える負の影響は強くなっていくのである。

当時のことをよく知っている方々によると、昭和に入ってこの地方を通過した大型台風によって神島の森の被害は続いていった。たとえば、一九三五（昭和十）年の第一室戸台風でも森は傷み、さらに一九四五（昭和二十）年、五〇年（ジェーン台風）、五三年の台風では主要な樹木が壊滅するほどだったという。

その後、一九六二（昭和三十七）年の第

砂浜近くで倒れていた胸高直径 65 cm、
樹高 19 m のタブノキ
（おやま北側、1999 年 3 月 29 日）

二室戸台風と一九七二（昭和四十七）年の二〇号台風の直後には、太田耕二郎氏（元田辺市文化財審議会委員長）によって被害調査が行なわれ、その結果、森は大きな被害を受けたことが田辺市教育委員会に報告された。

神島の森の重要性が認められたにもかかわらず、その後、森の様子はだんだんと変化していった。

1953年当時、すでに衰弱したタブノキが多かった

タブノキ林というのは、年月が経ってもタブノキが優占する同じような森林として続くのであるが、大木としてたくさんあったタブノキが少なくなっていったのだ。森林の遷移の筋道からすると、いわば後退していくのである。

それに代わって他の樹種が多くなり、森を構成する樹木の種類が変化してくる。タブノキに代わって多くなった樹木は、ホルトノキ、バクチノキ、クスノキ、ムクノキ、エノキなどだ。なかでもホルトノキやムクノキは、熊楠らが描いた「顕著樹木所在図」には出ていない樹種である。ホルトノキはこの地方に残る神社林などで生育している照葉樹の代表種である。当時の神島にもあったであろうが、おそらくタブノキの勢いのもとでは、高木層の一員ではなかったに違いない。

こうして深い神島の森は、徐々に後退を始め、いわば浅い森へと変化してきた。問題は「なぜ森が後退してきたのか」ということである。

これを考えるためには、神島を取り巻く環境というものを広くとらえなければならない。近年、田辺湾とその周辺の自然環境（陸域・海岸線・海域など）は、この五〇〜六〇年で大きく悪化してきた。このことが神島の森に対して徐々に影響を及ぼしてきたと考えざるをえない。

この小さな神島の自然を、神島だけで考えることはできない。神島の森は、それほど繊細で微妙なものなのである。

明治時代の神島の森の記録や熊楠らの残した「顕著樹木所在図」をもとに、それ以降の森の変わりように対して、私たちは絶えず関心を持ち続けた。

そして一九八三〜一九八五年度の三年間、あらためて神島の調査をすることになり、その機会に熊楠らが五〇年ほど前に調べた「顕著樹木所在図」も作成することになった。このときの調査記録は、『神島の生物——和歌山県田辺湾神島陸上生物調査報告書』（田辺市教育委員会、一九八八年）として報告し、その内容についてはⅡ章で、その後に生じた鳥類（とくにウ類による）の糞害によって森が荒廃していく過程についてもⅢ章で、すでに述べたところである。

ムクノキ、エノキの衰弱死

熊楠らが残した「顕著樹木所在図」でみると、「おやま」には三九本のタブノキが記され、しかも常緑樹の中ではタブノキがもっとも多い。顕著なタブノキがこれだけあったということは、若いタブノキを入れればもっと多かったに違いない。当時の神島の林冠はタブノキの巨樹で覆われていたことは確実である。

ところがそれ以後、このタブノキはだんだんと減少し、代わって（代償植生として）、ホルトノキ、ヤブニッケイ、クスノキ、イヌマキ、ムクノキ、エノキなどが勢いを増してきたのである。

このうちムクノキ、エノキなどは、深い照葉樹林内で五〇年生くらいの成木になると樹勢が衰え、枯れてしまうものも出てくる。これは神島の森林内のもっとも保全状態のよい林部でもみられ、深い照葉樹林に包まれたムクノキ、エノキなどの樹幹にはコフキサルノコシカケなどのキノコ類が寄生し、風速二〇メートル前後の冬の季節風や小型台風でも太い枝や主幹の上部が折れたりしているのが観察された。風速二〇メートル前後の風は、陸上の都市部ではかなり危険な強風であるが、海上の孤立した島では毎年数回は吹くものである。一方で、熊楠らが調査した昭和初期から生育していたタブノキも徐々に樹勢を衰弱させて枯死したり、枯死寸前の状態になっている。

神島では、一九八〇年代後半からこうした現象が徐々に見受けられ、今回調査したムクノキの「立枯れ」五本や、エノキの「立枯れ」四本、タブノキの「消滅」一本、「衰弱」二本、「枯死」一本、ヤブニッケイの「倒木」一本などはこれに該当する。

クロマツの枯死が周辺に影響

熊楠らの記録や当時の写真を見ると、神島の林縁部には点々とクロマツの老木が生育していて、樹高二五〜三〇メートルに達するものもあった。その樹上でミサゴが巣づくりをしたという報告もあり、「松の下」と呼ばれる釣り場もある。これらのクロマツの巨木は一九六〇年代の約一〇年間にすべて枯死した。その枯れ木はそのまま放置されたが、現在その残骸が二本見られるだけで、跡地に新しく芽生えたクロマツは一〇年も経たずに枯れた。

こうしたクロマツ枯死の影響とみられる樹木の枯死が一九七五年以降現われ始めた。毎年、秋の台風や冬の北西季節風によって、クロマツ周辺にあった亜高木層の樹木が衰弱し、枯死していくのである。

カワウの糞害の影響の拡大

神島にカワウの大群が飛来して、「おやま」の東端部をねぐらに利用したのは一九八八年秋から一九九二年春のわずか四年間ほどであった。その間、毎年秋から春までの約五カ月間は、二〇〇～五〇〇羽のカワウの大集団が「お

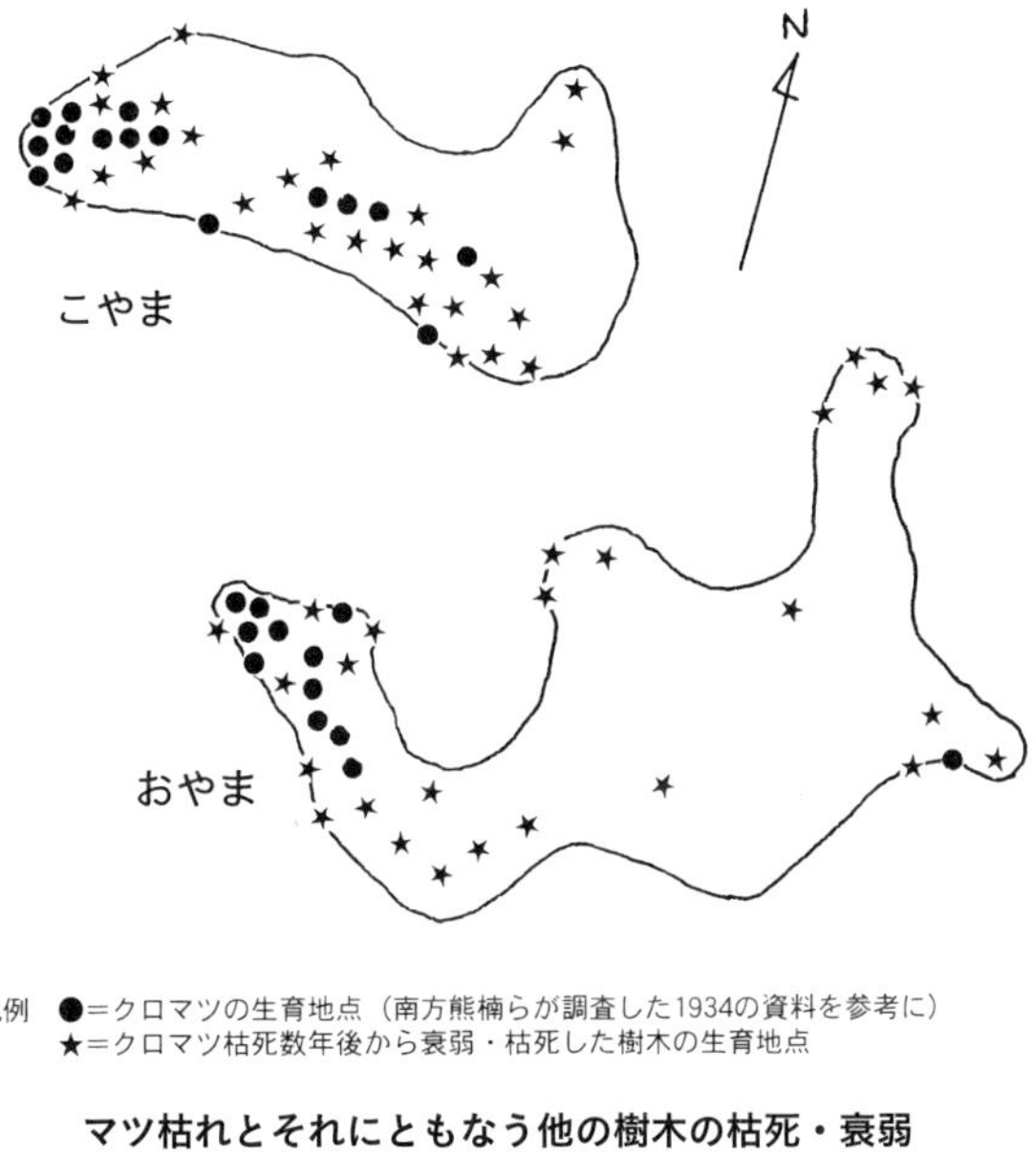

マツ枯れとそれにともなう他の樹木の枯死・衰弱

出典：『田辺文化財』41（2001）

やま」東端部の海に面した樹木をねぐらとした。そのため、膨大な量の糞が堆積し、直接あるいは間接に、その区域の植物を枯死させたのである。この糞害のすさまじさについては、すでにⅢ章で述べたとおりであるが、その後、糞害の影響はさらに拡大していった。

【森林の欠損で荒廃部が拡大】

「おやま」の東端部は糞害により直接森林が荒廃し樹木が欠損したが、ウが飛来しなくなってからも木の立枯れが続き、亜高木層・低木層の枯れた区域が急速に広がった。同時に、「おやま」と「こやま」の全域で樹木の衰弱が目立ち始めた。この兆候はカイガラムシ類、アオバハゴロモなどの半翅目昆虫やドクガ類、ヤガ類の幼虫の大発生からも推察された。

糞害発生当時に枯死した顕著樹木はハゼノキ三本、ヒメユズリハ二本、ヤブツバキ一

本、モッコク二本、ウバメガシ一本などで、とくにヒメユズリハは大きな影響を受けた。このほか、顕著樹木でないために記録されていない周辺の亜高木の大部分と、ヤブニッケイの半数が枯死した。

ウバメガシは表土の流失と岸壁の崩壊によって欠損している。外縁部の樹木がなくなったことにより、それに隣接していた内側の樹木がだんだんと衰弱し、そこに強風が当たると高木・亜高木層の樹木が被害を受ける。それが低木層や林床の植物にも影響を与え、年を追って順次内側の森林へと被害が広がっていくのである。

【土壌の汚染により下層の植物が枯死・衰弱】

カワウの飛来を防止した一九九二年以降、糞による直接の被害はなくなったが、今度は

台風通過直後の「おやま」東側。ウ類の糞害が集中し、弱り切っていたところを直撃された（1998年9月25日）

土壌の汚染や環境の悪化により、低木層の樹木が衰弱したり、林床の植物が消えたりした。多量の糞で植物の生育を妨げるほどに過栄養化し粘土質に変質した土壌は、降糞がなくなった後も物理的にも化学的にも回復しないまま、粘土質の状態が長く続いた。林床植物であるホソバカナワラビなどが元の状態に回復するまでにほぼ六年、土中に蓄積したチッソやリンなどの量が元の状態に戻るには七～九年を要した。

【表土の崩壊と周辺への打撃】

カワウの糞害地点では、台風九八〇七号が来る前から表土が約七〇～八〇メートルにわたって崩れ始めていた。急傾斜地であり、高木層が衰弱あるいは枯死したために、表土を保持する力が弱まっていたと考えられる。この崩壊地の出現は、海岸部で密生、発達してきた海岸林にとって致命的で、周辺の樹木は台風九八〇七号

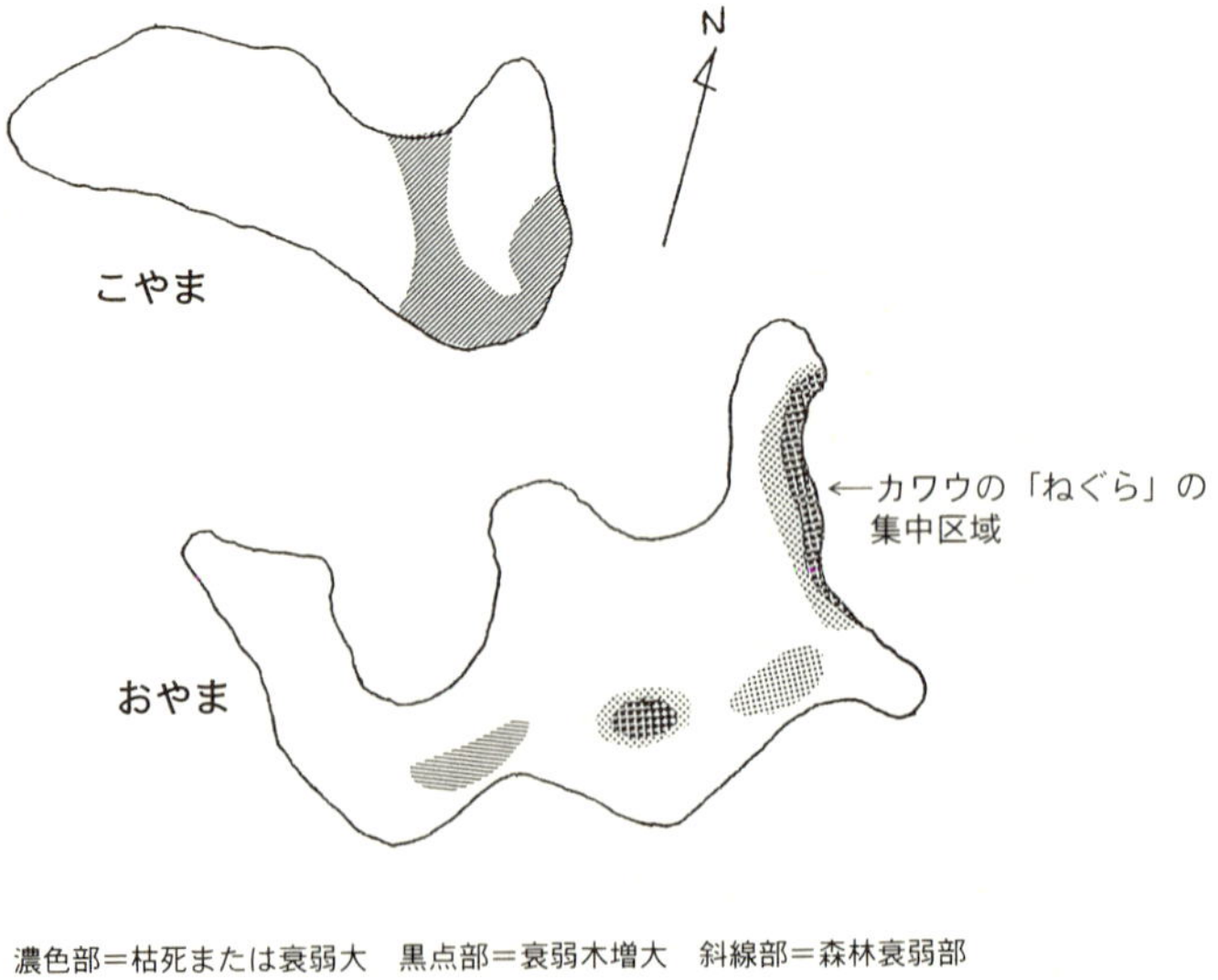

カワウ・サギ類の糞害以降の森林荒廃状況（1990～1994年）

出典：『田辺文化財』41（2001）

によって壊滅的な打撃を受けたと考えられる。

【小型の台風による下層木の枯死・衰弱】

紀伊半島には毎年小型の台風がいくつかやってくるが、そのうち一、二は田辺湾付近に直接的な影響を与える。これらの台風による強風はたいてい南東風で、海水を含んだ強い風が神島の東側から吹きつけることになる。つまりカワウの糞害で樹木が欠如した「おやま」の東端部にこの風が吹きつけるため、林内

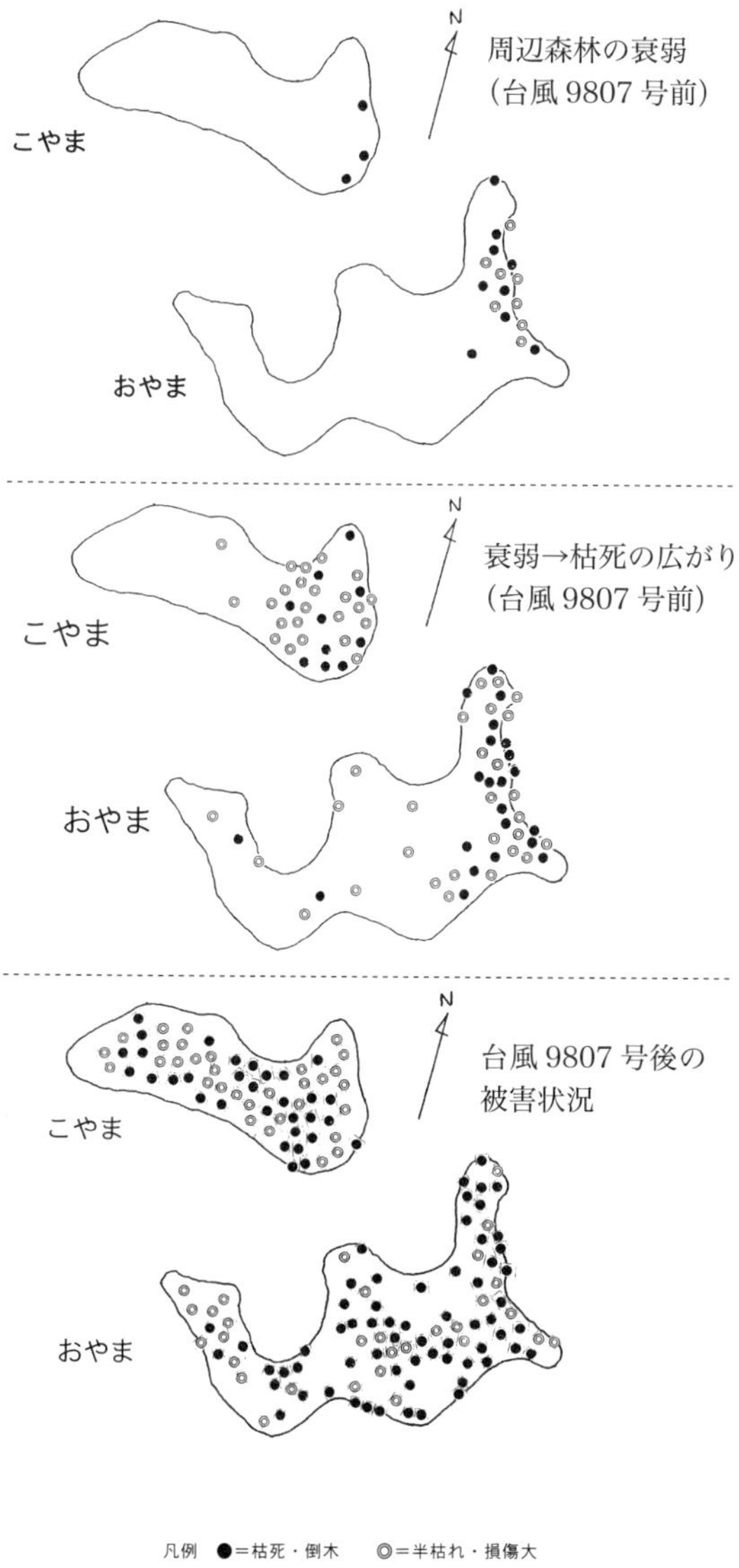

糞害による顕著樹木の枯死・衰弱と台風被害

出典：『田辺文化財』41（2001）

深くに塩風が当たることになる。こうして糞害による森林の荒廃は台風により加速される。

ドブネズミの皮剥ぎ

神島の海岸環境がもっとも深刻な状況だったのが一九八八～一九九一年である。廃棄された魚の死骸や大量のゴミが神島に流れ着いて、ゴミの一部は風により林内にも運ばれた。カワウの大群はじめ、トビ、サギ類も大群で飛来し、島内は悪臭に包まれた。そこへドブネズミも渡来し生息数を増やした。ドブネズミは九二年からさらに爆発的に大繁殖し、神島の全域が彼らの巣窟になった。ドブネズミの通路が網の目のようにでき、巣穴がいたるところに掘られ、いつもなら春の林床に敷きつめたように落ちていたツバキの花はことごとく食べられ、モッコクなどはどの木も根ぎわの樹皮が噛み剥がされるという事態になった。

そのころからモッコクは弱り始め、結局、調査結果にあるモッコクの枯木三本と衰弱木二本は、このドブネズミによる被害であり、その後、台風九八〇七号によってこの衰弱木二本も倒壊することになるのである。

トビ・サギ類の糞害

神島周辺には昔からトビが多く生息するが、田辺湾の汚染とともにその数は増し、サギ類（アオサギやコサギなど）の群れも常駐するようになった。これらの鳥の飛来数は年により異なるが、祠のある「おやま」のもっとも高い地点がおもな居場所で、一五〇羽を超すこともあった。

その糞害はウの大群ほど顕著ではなかったが、夏には悪臭を放つこともあり、年月を経るとやはり周囲の樹木に影響を与えた。こうして衰弱したと考えられるのが、尾根部（祠周辺）のホルトノキ、ヤブツバキ、サクラ、ムクノキ、エノキ、ハゼノキなどの高木である。

また、それらの樹木の衰弱につれて、祠東側の南向き斜面では、低木や林床の草木類が徐々に衰弱していくのが観察された。その後、一九九六年には祠西側においても南向き斜面が幅約一五メートルにわたって崩壊し、地面の岩石が露出する場所が出始めた。これは糞害としては最悪の状態であり、周辺にかなりの悪影響を与えていたものと推察される。二年後の台風九八〇七号による樹木の枯死と崩壊を見るとき、この区域のトビ、サギ類による糞害の影響を見逃してはならない。

地震によるウバメガシの倒壊

一九九五年一月十七日、阪神淡路大震災が発生し、田辺市でも震度四の大きな揺れを観測した。被害はほとんどなかったが、「おやま」の東南部にあったウバメガシが半

「おやま」の頂上近く、尾根部南側の岩壁の森は、台風が来る前から糞害で相当傷んでいた（1997年3月）

壊した。このウバメガシは胸高直径一メートルの巨樹で、南側の崖地（海岸部）に生育し、樹幹がふたつに分かれていて、下側の幹（胸高直径六〇センチ）が海に向かって突き出ていた。

地震で倒壊したのは、その海側に出ていた太いほうで、一年後にはその部分は完全に枯死した。地震は他の樹木には影響はなかったが、海岸の巨樹の欠損は周辺樹木に大きな影響を与えたと推察される。

「おやま」と「こやま」の有機的つながり

「こやま」では、「おやま」のような糞害やムクノキ、エノキなど落葉高木の枯死はなかった。にもかかわらず、「おやま」でカワウやトビ、サギ類による樹木への被害が出始めた時期から、「こやま」でもクスノキ、モチノキ、ヒメユズリハなどの大木が枯れたり、倒壊したりした。また、衰弱木が増加して森林荒廃が進む顕著な兆候が現われてきた。それは「おやま」から見る「こやま」の相観でも認められた。

台風九八〇七号の通過後、「こやま」の森は「おやま」以上の惨状となり、山が一変した。「おやま」の森が種々の影響によって弱まりつつあるとき、「こやま」でも同じように衰弱現象が進行していたと考えざるをえない。

神島はふたつの島に分かれているが、その実態はひとつであり、森林そのものがひとつの生物体と同様な有機体であると把握するなら、外見上の荒廃が「おやま」の森の一部であっても、実際には「こやま」を含む神島全体の荒廃につながっていると捉えることもできる。

3 過ちを繰り返さないために

神島は孤立した小島ではなかった

台風により神島の森が消滅したり壊滅したりするのであれば、湾内の小島である神島に巨大な森林が発達するはずがない。しかも、この地方は有名な台風の通り道である。それにもかかわらず、今回の台風で神島が甚大な被害を受けた理由は、長い年月の間に徐々に神島が受けてきたいくつかの影響（要因）があって、樹木の勢いが落ち、樹種も変化し、森としての力強さにも欠けてきていたからである。

伐採以外の「影響（要因）」とはどういうものだろうか。考えられるのは、田辺湾を取り巻く環境の変化である。昭和四十年代以降から始まった養殖漁業や輸入木材の海中繋留《けいりゅう》は、深刻な湾内の海水汚染をもたらした。また、田辺湾岸各地で続けられてきた埋め立て工事や宅地開発は大規模で、田辺湾一帯の環境変動に大きく関係したと考えられる。

海水の汚染や、海を隔てた陸地の開発が、湾内孤島の森林荒廃につながるものではないと考える向きもあろう。しかし、第二回学術調査における神島の植生の変化や、カワウの糞害調査におけるドブネズミ現象のメカニズムを考えるとき、神島のような湾内の小島は決して離れた孤島ではなく、生態系の中では陸

①明治末期頃（南方熊楠らの資料から推測）

②1986年10月（顕著樹木所在図・再調査時）

③2001年３月（台風9807号の通過後）

「おやま」の森林の推移（断面模式図）

出典：『田辺文化財』41（2001）

地の一部であることを的確に示している。

南方熊楠が神島の森林を完全な形で保全しようとして、いかに奔走したかは周知の事実だが、一九三五（昭和十）年に国指定天然記念物となってからは、国や県の支援のもと、田辺市の行政と市民が協力して神島を保護してきた。それでも神島の森は変化し、タブノキは消滅して、ホルトノキなどの他の樹種を主体とする森林に変貌している。

また、カワウの糞害後におきたドブネズミ禍も、陸地から渡来したキツネをはじめとする捕食動物たちによって完全に沈静化した。そのカワウの糞害による土壌中のチッソ、リンなどの残留量は、約一〇年後にはほぼ元の正常値に回復することもわかってきた。

自然界における生態系のつながりが、現在の人知でも及ばないほど深いものであることを示しているといえよう。今回の神島におけるカワウの糞害から始まり、台風九八〇七号に至る壊滅的な打撃は、これまで述べてきた個々の要因に帰するのではなく、半世紀にわたって積み重ねられてきたすべての環境破壊の結果であるととらえなければ、このような悲惨な事態は今後も避けられな

枯れて倒れたタブノキのそばから新たに若木が育っていた（おやま、1999年3月29日）

いであろう。

南方熊楠を知る人々は、この神島の森林荒廃を、熊楠没後延々と続けてきた自然環境を無視してきた行為に対する強烈な警告であるととらえ、甚大な被害に敬虔な気持ちで対処しなければならないと考えている。

田辺湾周辺の開発状況から考えて、かつてあった本来の森林（タブノキ林）にまで回復するのは無理かもしれない。それに近い照葉樹林に回復するのにも、数百年という年月がかかるであろう。「自然環境の修復の時代」ともいわれる今世紀以降、陸地側の自然を含め、神島を取り巻く環境全体の回復が、神島の森林保全にとって大きな鍵となると考える。

熊楠が歌に込めた思いに耳を傾ける

一九一九（大正八）年に北側から写した神島の全景がある（五七ページ）。この写真を見ると、林冠部は滑らかな曲線を描かず、すき間が見える。ところどころに、高い樹木が点在している。これは、この時代からすでに、森の荒廃が進んでいることを示している。

「おやま」も「こやま」も同じ状況である。こうなる以前の森の林冠は、残っている高木をつないでいくことで推定できる。そうすると、この写真で見るよりもひときわ高い林冠ができる。それがタブノキの高木が生い茂る昔の神島の森だったのだろう。樹木は周辺の岸壁を覆うほど茂り、頂上部や西端部の岩礁部にはクロマツの巨木が点々と生育していた。

昭和天皇の行幸は一九二九（昭和四）年六月一日だった。それを記念して、「おやま」の浜辺に石碑が建立され、「一枝もこころして吹け沖つ風　わか天皇のめてましし森そ」（南方熊楠謹詠并書）とある。熊楠は、神島の森がだんだんと傷んできていることを知っていたのかもしれない。「こころして吹け……」とはそういうことではないか。

熊楠らが「顕著樹木所在図」を作成したのは、それから五年ほど後の一九三四（昭和九）年である。その時点では、「こやま」に顕著樹木（高木）としてのタブノキは一本しかなかったが、「おやま」のほうにはまだ三九本もあった。タブノキ林だったのである。そして、さらに約五〇年後の一九八六（昭和六十一）年の調査時では、胸高直径で一七センチ以上のタブノキはわずか六本だった。

遠景としての神島は、いつも深い森であるかのように見えるが、その実像はこれまで述べてきたとおりである。これから先も、神島の保全は南方熊楠の足跡と残された業績に基づき、広く深い自然観によらねばならない。

「一枝もこころして吹け沖つ風……」。
熊楠の歌碑は今日も島を見守る

おわりに

後藤伸に初めて会ったのは一九七二年、私が和歌山県立田辺高等学校に赴任したときだった。後藤の生物研究の幅広さには驚くばかりで、カメムシの研究だけでなく、昆虫はもちろん、植物を含めた生物のあらゆる分野におよび、学校の生物部の指導は全国レベルだった。県内の多くの生物研究者を率いて紀南の大塔山系の調査と保護にも精力的に打ち込んでいて、私もそこに加わった。

そうした縁で後藤とは神島にもよく渡り、本格的な調査で熊楠の「顕著樹木所在図」を再現した。本書に後藤が書いているように、熊楠が残した図だけが頼りだった。難題は地形図の中に各樹木の位置を確定することで、傾斜した地形に生える樹木相互の位置関係には泣かされた。位置が合わないからと何度も書き直したのである。ときには一日かけて調べた場所を、もう一度やり直したこともあった。

神島の森ができるまでには途方もない年月がかかっている。そこに生育する植物は言うまでもなく、微生物、動物をはじめ、島に出入りする生物も含めて、お互いに複雑な関係を繰り返しながら形成されてきたのであろう。熊楠はこの島を「植物棲態学 ecology」の「好模範島」として、その森を残した。しかし、その後、森を構成する樹種は徐々に代わり、森林植生は衰退していった。

後藤は、神島を構成するふたつの島、「おやま」と「こやま」はひとつの有機体で、「おやま」の一部が壊れるとそれが「こやま」にも影響し、「こやま」の森も壊れていくと考えた。それだけでなく、神島の森は田辺湾全体の自然とも密接につながって存在していたと指摘する。

その後、弱体化した森に追い打ちをかけるかのようにカワウや台風が襲い、遠くから見ても森は昔の面影がないほどに大きく傷んだ。台風九八〇七号の通過後は、神島が荒れていると聞いて、すぐに後藤と神島に渡った。あまたの山野を駆け回っていた後藤も、これほど多くの大木が折れ、地肌がむきだしになった惨状を見るのは初めてで、言葉にならない様子だった。後藤がこの世を去った後も、異変は続いた。

二〇〇四年四月、「おやま」でアライグマが確認された。神島は鳥ノ巣から約三〇〇メートルの海上にあるが、泳いで渡ったと思われる。二〇〇七年七月には、「こやま」の東端で崖の一部が崩れ落ちた。かつては樹木がしっかりと抱えていた大きな岩が十数個も磯に落ちたのである。二〇〇八年六月末、「おやま」東側の樹上二四カ所でカワウが営巣していることがわかった。神島でのカワウの営巣は初めてのことで、巣をかけられたクスノキやエノキは樹冠の小枝を巣材のために折られて無残な有様だった。

カワウの飛来防止策は、樹木にテグスを張る以外になかった。二〇〇九年一月と翌年十一月、「おやま」東側の樹木に船上からテグスを張った。テグスの先に錘をつけて、リール竿で樹冠めがけて数人がかりで繰り返し投げた。その後はカワウを見かけなくなったが、これがいつまで続くかという不安は残る。

森の成立とその仕組みには、まだまだ人知のおよばぬ深いものがある。熊楠と後藤、二人に共通する思いは、この長い年月をかけてできあがった自然の仕組みに対する短絡的な解釈や思考への警鐘であろう。彼らとともに、神島の森が語りかけてくるものに私たちも耳を澄ましたい。

二〇一一年一月二十八日

玉井済夫

資料

神島の調査報告（原題「和歌山県田辺湾内神島を史蹟名勝天然記念物保護区域に指定申請書」）

一、名　　　称　　神島（カシマ）
一、所　在　地　　和歌山県西牟婁郡新庄村字北鳥ノ巣三九七二番地
一、地目および地積　山林土地台帳に面積参町六畝弐拾壱歩とあり、昭和九年十一月田辺営林署の実測により、面積二ヘクタール九九と分明す。
一、所　有　者　　西牟婁郡新庄村
一、管　理　者　　新庄村長
一、申　　　請　　御省より史蹟名勝天然記念物保護区域に指定を申請す。
一、現状および由来　本島は新庄村字鳥ノ巣の西方約三丁の海上に在りて、田辺湾内諸島中のすこぶる大なるもの、その周囲約九町という。この島主として岩石より成り、おのずから東西大小の二島に分かれ、東島に多少の土壌と沙浜あるも、西島はほとんどこれを欠き、巌磯その間に拡がりて二島を聯ぬるも、月の晦ごとに潮水巌磯を浴してこれを中断す。遠近の眺望絶佳なれば、『建保三年内裏名所百首』恋

の二十首の内、順徳天皇、僧正行意、家隆朝臣、忠定朝臣の詠歌、いずれも紀伊国磯間浦（現時田辺町の内）に合わせてこの神島を読みたり。

古来紀州の沿海八十里と称せられし、その多くの島嶼中、樹木密生して波打ち際に接せること、よくこの島に及ぶものあらず。東島の島頂に古来健御雷之男命と武夷鳥命を祀り、海上鎮護の霊祇として、本村は勿論近隣町村民の尊崇はなはだ厚く、除夜にその神竜身を現じて海を渡るよう信じたり。

明治四十二年本村村社を合祀してすでに二十五年を経る今日といえども、素朴の漁民賽拝を絶たず、供品腐るに及ぶも掠め去らず。この輩島内の一木一石だに犯さず、もっぱら畏敬して近日に及べり。上述のごとくこの島名勝をもって古く聞こえたるが上に、また特にその絶好の彎珠《わんじゅ》を産するをもって著わる。これは豆科の大攀登植物にて、『紀伊続風土記』九四に、「彎珠一名ハカマカズラ、大蔓にしてその茎の周二尺に及ぶ。長さ数丈にして喬木上に蔓う。葉矢筈のごとくして互生す。花はいまだ見ず。莢の形扁豆に似て闊《ひろ》く、中に二黒子あり、至りて堅し。形《かたち》羅望子（ワニグチモダマ）に似て小さし。根は黒色大塊なり。俗にこの実を帯びて悪気を辟くという」とあり。琉球と九州南部、四国南端にもあれど、本州にあって紀伊のみに産し、古来この神島と西牟婁郡江住村二、三所と和深村の江田の双島とがその産地として著わる。就中《なかんずく》神島の物形《かたち》最も円く肌細かに光強く外面凹凸なきをもって、念珠を作るに最も貴ばる。古伝に、神島に毒虫あるも人を害せず、これ島神の誓願による。

故に夏期に熊野に詣ずる者、多く島神に祈り彎珠一粒を申し受け、これを佩びて悪気と毒虫を避けしという。宇井縫蔵の『紀州植物誌』にいわく、神島産の彎珠は、幹の最も太きもの周囲一尺ばかり、蜿蜒として長蛇のごとく、鬱蒼たる樹間を縫うて繁茂せり、と。これよく形容せるの辞、単独林下に在りてはいと気味悪く覚ゆるほどなり。したがって古く島神を竜蛇身を具え悪気毒虫を制すと信ぜしなるべし。過ぐる明治四十四年六、七月の交、新庄村小学校舎改築費に充てんがため、この旧神林を売却して択伐に取り懸かると聞き及び、毛利、南方二人、当時の村長榎本宇三郎に説くところあり、榎本その道理あるを認め、村会の議決を経て売却せる林木を買い戻し、もっぱら神林の保護に力む。その時南方神林に入りて彎珠のはなはだしく衰頽せるを見、その再興の方案を建て、当時の知事川上親晴に申請して、翌四十五年五月五日保安林に編入さるるを得、同月十日入山禁止を標示し、力めてその花の受精を盛んならしめること十六、七年にして、一旦絶滅に瀕せる彎珠が復《ま》た全盛するのみならず、かつてこれを産せざりし西部小島また彎珠を生ずるに及べり。この彎珠再興の方案は、五年前御召艦長門に召されし節、南方が聖聴に達し奉りしところなり。

また、上述のごとく神島の神は近年まで諸人に畏敬されたるをもって、神林が人為の改変を受けしことほとんど絶無なれば、林中の生物思うままに発育を遂げ得、また近地に全滅してここにのみ残存する物多く、往々今までこの島にのみ見出だされて全く他所に見えざるもあり。現時確かに知れたる神島産顕花植物および羊歯類総《すべ》て一百八十五種、その内リュウキュウカラスウリはかつて琉球特産と聞こえしが、近年宇井縫蔵これを神島に見出だす。ハマヤイトバナ、オオマンリョウ、バクチノキ、タキキビ、キシュウスゲ、クスドイゲ、ハマボウ、イヌガシ、タチバナ、ヤマゴボウ等は田辺湾付近にこの島以外に全く見ず、あるいは絶滅に瀕しあり。この島のチョウジカズラは、その葉の長さ時に他地の物の二倍に及ぶあり。南方が立てたる新菌属シクロドンは、この島と日高郡川上村のみに産し、新菌種ストロファリア・スグサルサは海水近く生ずる稀有の物にて、この島のみに生ず。

聖上御研究の粘菌類に在りても、アルクリア・カンナメアナ、アルクリア・マサアキイ、ジアケア・ナカザワイ、ステモニチス・フスカ・ウイフェラ四品の中、二種はこの島に限って生じ、二種は各この島の外一地に限って生ず。この例のものこの他なお少なからず。これらのこと聖聴に達せしにや、昭和四年六月一日田辺湾行幸の節神島に御上陸、直ちに南方に拝謁を許され、旧神祠蹟辺に御登臨また神林を雨中御採集あり。後刻御召艦長門に南方を召され、鑾珠に関すること等について進講せしめ給い、特に金弐百円を新庄村へ御下賜あり。村民等欣喜無限、これを基本として醵集するところあり、当日御上陸後まず御野立ち遊ばされたる地点に行幸記念碑を立て、翌昭和五年六月一日県知事友部泉蔵多数の村民とその場に臨んで除幕式を行なえり。碑高さ九尺幅三尺、左の四十八字を刻む。

昭和四年六月一日

至尊登臨之聖蹟

一枝もこころして吹け沖つ風

わか天皇のめてましし森そ

南方熊楠謹詠幷書

爾来毎年六月一日を行幸記念日と定め、村内各戸国旗を掲げ、小学校にて記念式典を挙行し、校長等より訓話をなし、一に誠心をもて奉祝し来たれり。然るところ近年道路の開通、土地会社の宣伝等により、爰《ここ》に遠からざる湯崎、白良浜《しららはま》等隣村温泉等への遊覧者、しばしば温泉等に無関係のこの島に濫入し、はなはだしきは学校職員、官公吏など種種の方便を仮り、この島監視人の眼を掠め、天然記念諸物を偸み去り、破損するもの多し。例せば聖上島頂に御登臨の際、南方は足跛たるゆえ雨中に御随行叶わず、浜辺に残りて野口侍従に説明申し上げし物あり。そは海生の植物が進んで陸生植物となる経路を暗示するものとして、二十余年来故平瀬作五郎、またその死後英国の一学友と協同研究しおる物なり。しかるに当日南方が乗り渡りし御用船中にこのことをいささか洩れ聞きし者ありて語り伝えたるにや、一年の中にその物取り尽くされて跡を留めず。ことに不埒なるは、最近猥りに入林し手に任せて植物を抜き取りその場に捨て去る者ありしこと数回なり。これを上述素朴の漁民が旧祠趾に捧げある餞物錆び腐るを見るも盗まざるに比して、人心に霄壌の差あるを見る。碑の歌も読み得ざるものは盗まず、能く読む者は故《ことさ》らに盗む。右の次第に付き、何とぞ閣下の御同情と御英断をもって、一日も速く本島全部を史蹟名勝天然記念物区域に御指定相成りたく、この島の形相と事歴を徴するに必要なる別紙図面三枚（番号(1)(2)(3)〔うち二点、六二、六四ページ〕）、写真六枚（(4)より(9)に至る〔省略〕）で説明要略を書き付け、この申請書に相添え、従来の関係者四人連署の上、県知事を経由し右の段至急申請仕り候なり。本島は昭和五年五月三十一日県告示二二八号をもって、本県史蹟名勝天然記念物保存顕彰規程により指定されおり、その後しばしば本省へ指定申請致すべく県庁の人々より勧められたるも、従前伝え来たりし地積は正確を保し難く、ことに林樹の直径階別本数は一切不明なりしをもって、最近正確なる調査を遂げようやく申請仕り候。今年九月二十一日の大暴風にて本島の樹木多くは流され去り、鬱珠の老木は十の九まで海中へ飛散したれば、このまま人の侵入するに任せては遠からず全滅すべしと惟わる。

昭和九年十二月二十一日

和歌山県西牟婁郡新庄村長　　坂本　菊松
同県同郡新庄村前村長　　田上次郎吉
調査主査　西牟婁郡田辺町中屋敷町三六　　南方　熊楠
調　査　者　和歌山県史蹟名勝天然記念物調査委員　毛利　清雅

文部大臣　　松田源治殿

〔本資料は、『田辺文化財』第一号（田辺市教育委員会、昭和三十二年十一月）の太田耕二郎「神島の生物について」中の全文転載を底本とした『南方熊楠全集』第一〇巻（平凡社、一九七三年）所収の「神島の調査報告」を転載した〕

関連年表

一八四八（嘉永元）年　畔田翠山が『熊野物産初志』で鸞珠（ハカマカズラ）の産地として田辺加島（神島）を挙げる。

一八六一（文久元）年　イギリスの水路調査船アクティオン号が田辺湾に寄港。船医アーサー・アダムスが神島でコスジギセル、ムロマイマイなどの陸貝を採集。

一八六七（慶応三）年　和歌山市の金物商南方弥兵衛の次男として南方熊楠誕生。母スミ。

一九〇一（明治三十四）年　日本の貝類研究の先駆者平瀬与一郎が採集人中田次平を神島に渡らせ、陸貝類を多数記録。

一九〇二（明治三十五）年　六月一日、熊楠が多屋勝四郎の案内で神島に上陸。

一九〇四（明治三十七）年　十月、熊楠が田辺に借宅。以後、しばしば神島に渡り調査。

一九〇六（明治三十九）年　勅令「府県社以下神社ノ神饌幣帛料ノ供進ニ関スル件」が公布され、全国で神社合祀が始まる。

一九〇七（明治四十）年　牟婁新報社主の毛利清雅が同紙に「神社合祀について」を発表。全国で最初の神社合祀反対意見となる。

一九〇八（明治四十一）年　熊楠が植物学雑誌に神島の変形菌（粘菌）を報告。

一九〇九（明治四十二）年　七月、神島の弁天社が新庄村（現田辺市）の大潟社に合祀される。九月二十七日、熊楠が『牟婁新報』に神社合祀反対の意見（「世界的学者として知られる南方熊楠君は、如何に公園売却事件をみたるか」）を発表し、反対運動に動き始める。

一九一一（明治四十四）年　八月、新庄村が小学校舎改築費用捻出のため神島の樹木の売却・伐採を始めるが、熊楠と毛利が村長を説得、議会も中止を決議。神社合祀・神社林乱伐を憂えた松村任三宛書簡二通（同月二十九、三十一日付）は、「南方二書」として柳田国男の手で印刷・配布された。

一九一二（明治四十五）年	五月五日、熊楠の申請により神島が和歌山県の魚つき保安林に指定される。島の保安林指定は国内初とみられる。
一九一八（大正七）年	三月二日、貴族院で神社合併不可の意見が可決される。
一九二九（昭和四）年	六月一日、南紀に行幸された天皇は神島上陸の後、御召艦長門の艦上で彎珠や隠花植物について熊楠の御進講を受けられる。この年、『大阪毎日新聞』に熊楠が「紀州田辺湾の生物」を連載、宇井縫蔵が『紀州植物誌』に神島の植物を記載。
一九三〇（昭和五）年	五月三十一日、熊楠と宇井縫蔵の申請により神島が県の史跡名勝天然記念物に指定される。六月一日、神島の浜にて天皇の行幸記念碑除幕。
一九三四（昭和九）年	熊楠らは神島を国の天然記念物にするため、全島悉皆調査を実施。「田辺湾神嶋顕著樹木所在図」を作成し、指定申請の資料とする。
一九三五（昭和十）年	三好学（植物学）と脇水鉄五郎（地質学）が神島を調査。十二月二十四日、文部省が神島を史跡名勝天然記念物に指定。
一九三七（昭和十二）年	坂口總一郎が『紀州植物研究の栞』に神島の植物を掲載。
一九四一（昭和十六）年	十二月二十九日、熊楠死去。死の間際、熊楠が天井に見たのは、神島に自生するセンダンの花だった。
一九四四（昭和十九）年	黒田徳米が神島の陸貝を調査し一五種を報告。
一九四六（昭和二十一）年	波部忠重が神島の陸貝を調査。
一九五六（昭和三十一）年	第一回神島学術調査（田辺市教育委員会）。森川国康（愛媛大学）がカシマセスジアカムカデなどの新種を記録。後藤伸も参加し、新種のカシマイボテカニムシを発見。
一九六二（昭和三十七）年	五月、南紀行幸の天皇は白浜の宿から神島を眺められ、熊楠の思い出を話された。帰京後、「雨にけふる神島を見て紀伊の国の生みし南方熊楠を思ふ」という歌を発表された。

一九六八（昭和四十三）年	後藤伸が田辺高校生物部と神島の森林植生を調査。
一九七〇（昭和四十五）年	真砂久哉が神島のシダ植物を調査。
一九七一（昭和四十六）年	山本虎夫が神島の帰化植物を調査。
一九七二（昭和四十七）年	湊宏が神島の陸貝を調査。
一九八三（昭和五十八）年	太田耕二郎が神島のコケ植物を調査。太田を団長に、第二回神島学術調査（田辺市教育委員会）が始まる。昭和五十八年度予備調査、五十九、六十年度本調査。「顕著樹木所在図」を再現。タブノキは激減、ホルトノキ、ムクノキ、エノキが増加。
一九八五（昭和六十）年	田宮克哉が神島の香合石様岩石を調査。
一九九〇（平成二）年	秋から翌年春、神島に一〇〇〇羽を超えるウ類が飛来。一九九三年までウ類の糞害調査（田辺市教育委員会）を実施。
一九九一（平成三）年	この秋、ウ類の飛来数が最大一二〇〇羽を記録。
一九九二（平成四）年	二月、爆音機を設置。ウ類の飛来防止に一定の効果。
一九九四（平成六）年	一月、神島で異常発生したドブネズミの調査。捕食者であるキツネの糞が発見され、翌年秋までにドブネズミが激減。
一九九八（平成十）年	九月二十二日、台風九八〇七号が田辺湾沖を通過。神島の森に壊滅的な打撃。同年十一月～二〇〇一年三月、被害調査（田辺市教育委員会）。
二〇〇四（平成十六）年	四月、アライグマが神島に上陸（鈴木和男氏が写真撮影）。
二〇〇七（平成十九）年	「こやま」の東斜面（崖）が崩壊。
二〇〇八（平成二十）年	六月、「おやま」東尾根の大木に、カワウが二四カ所で営巣し雛が育つ。
二〇〇九（平成二十一）年	一月、「おやま」東斜面にテグスを張り、一定の効果を確認。
二〇一〇（平成二十二）年	一月、「おやま」東斜面にカワウが飛来し、糞による樹木の白さが目立つ。二月、「おやま」と「こやま」でテグスを張り、飛来を防止。十一月、「おやま」東斜面全体にテグスを張る。

参考文献

◉全　集

『南方熊楠全集』全一二巻、平凡社、一九七一～一九七五年

「紀州田辺湾の生物」（『大阪毎日新聞』昭和四年五月二十五日～六月一日に連載。第六巻「新聞随筆・未発表手稿」所収）

「新庄村合併について」（『牟婁新聞』昭和十一年八月二十三日～十月七日に連載。第六巻「新聞随筆・未発表手稿」所収）

「神島の調査報告」（原題「和歌山県田辺湾内神島を史蹟名勝天然記念物保護区域に指定申請書」。第一〇巻「英訳方丈記・英文論考・初期文集他」所収）

「神社合併反対意見」（『日本及日本人』明治四十五年四～五月、五八〇、五八一、五八三、五八四号に掲載。第七巻「書簡Ⅰ」所収）

「南方二書」（第七巻「書簡Ⅰ」所収）

「柳田国男宛書簡」（第八巻「書簡Ⅱ」所収）

「進献進講関係書簡」（第九巻「書簡Ⅲ」所収）

「白井光太郎宛書簡」（第九巻「書簡Ⅲ」所収）

◉単行本、報告書

愛知県『「鵜の山」のカワウ生息調査報告書』愛知県、一九八三年

青木淳一『土壌動物学』北隆館、一九七三年（二〇一〇年新訂）

青木淳一「大型土壌動物を指標とした自然の豊かさの評価」『都市化・工業化が湾岸生態系におよぼす影響調査』千葉県、一九八九年

宇井縫蔵「はかまかずらノ北限自生地」『和歌山県史蹟名勝天然記念物調査会報告書』第三輯、和歌山県、一九二四年

宇井縫蔵『紀州植物誌』高橋南益社、一九二九年

楠本定一『紫の花天井に――南方熊楠物語』あおい書店、一九八二年

畔田翠山『熊野物産初志』（『紀南郷土叢書』第九輯）紀南文化財研究会、一九八〇年

神坂次郎・中瀬喜陽・吉増剛造『新潮日本文学アルバム五八　南方熊楠』新潮社、一九九五年

後藤伸「枯れゆく江須崎原生林の生態学的知見」『島孝夫教授退官記念論文集』和歌山大学、一九七三年

後藤伸「南紀に想う　ある海岸の道と原生林」、工藤父母道編『日本の自然・原生林紀行』山と渓谷社、一九九三年

田辺市文化財審議会・神島の生物編集委員会編『神島の生物――和歌山県田辺湾神島陸上生物調査報告書』田辺市教育委員会、一九八八年（一九九一年改訂）

鶴見和子『南方熊楠』講談社学術文庫、一九八一年

中沢新一編『南方熊楠コレクション』全五巻、河出書房新社、一九九二年

中瀬喜陽『南方熊楠書簡――盟友　毛利清雅へ』日本エディタースクール出版部、一九八八年

中瀬喜陽『覚書　南方熊楠』八坂書房、一九九三年

中瀬喜陽「南方熊楠が守った神の森」『環境情報科学』二五巻一号、社団法人環境情報科学センター、一九九六年

中瀬喜陽・長谷川興蔵編『南方熊楠アルバム』（新装版）八坂書房、二〇〇四年（初版一九九〇年）

松居竜五・岩崎仁編『南方熊楠の森』方丈堂出版、二〇〇五年

松居竜五・月川和雄・中瀬喜陽・桐本東太編『南方熊楠を知る事典』講談社現代新書、一九九三年

◉逐次刊行物

『関西自然保護機構会報』関西自然保護機構

後藤伸「田辺湾神島総合調査の概要」（一四号、一九八七年）

真砂久哉「神島の研究と保護の歴史」（一四号、一九八七年）

吉田元重・後藤伸・山本佳範・津村真由美「田辺湾神島における海鳥の糞による森林の変容」（一四巻二号、一九九三年）

吉田元重・後藤伸・山本佳範・津村真由美「田辺湾神島における海鳥の糞による森林の変容Ⅱ」（一六巻二号、一九九四年）

『くちくまの』紀南文化財研究会

後藤伸「続・南方熊楠の森　神島」（第七九号、一九八八年）

『田辺文化財』田辺市教育委員会

太田耕二郎「神島の生物について」（第一号、一九五七年）

雑賀貞次郎「南方先生と神島」（第一号、一九五七年）

後藤伸・田辺高等学校生物部「紀伊半島南部における極相林の研究」（第二号、一九六八年）

太田耕二郎「神島の植物について」（第一八号、一九七五年）

太田耕二郎「南方熊楠と神島の植物」（第二一号、一九七八年）

太田耕二郎「南方熊楠と神島の植物Ⅱ」（第二二号、一九七九年）

田宮克哉「田辺湾神島の香合石様岩石について」（第二八号、一九八五年）

後藤伸・吉田元重・山本佳範・津村真由美「田辺湾神島におけるウ類による糞害の生態学的研究」（第三七号、一九九四年）

後藤伸・玉井済夫「神島における台風などによる被害を主体とした主要樹木の現況調査」（第四一号、二〇〇一年）

初出一覧

Ⅰ章　第１節　……**後藤　伸**

原題「魚つき林について」。1998 年 6 月 27 日、第 2 回熊野の森ネットワークいちいがしの会講座での講演記録。『紀伊民報』1998 年 7 月 19 日付に掲載。

Ⅰ章　第２節　……**中瀬喜陽**

松居竜五・月川和雄・中瀬喜陽・桐本東太編『南方熊楠を知る事典』（講談社現代新書、1993 年）所収の「神社合祀反対運動」（58 ～ 63 ページ）に大幅加筆。

Ⅰ章　第３節　……**中瀬喜陽**

松居竜五・月川和雄・中瀬喜陽・桐本東太編『南方熊楠を知る事典』（講談社現代新書、1993 年）所収の「神島」（140 ～ 141 ページ）に大幅加筆。

Ⅱ章……………………**後藤　伸**

連載「神島――南方熊楠が残した森」第 1 部（『紀伊民報』2002 年 9 月 6 日～ 10 月 14 日）、第 2 部（『紀伊民報』2002 年 12 月 4 日～ 2003 年 2 月 25 日）※

Ⅲ章……………………**後藤　伸**

連載「神島――南方熊楠が残した森」第 3 部（『紀伊民報』2003 年 4 月 2 日～ 5 月 27 日）※

Ⅳ章……………………**後藤　伸・玉井済夫**（共同執筆）

連載「神島――南方熊楠が残した森」第 4 部（『紀伊民報』2003 年 6 月 10 日～ 7 月 1 日）※

※『紀伊民報』の連載は、2003 年 1 月 27 日に後藤伸氏が亡くなった後も遺稿が掲載され、番外編も含めると 2003 年 8 月 1 日まで続いた（全 61 回）。連載時の明らかに誤りと思われる記述については、みち子夫人と共著者の責任で訂正した。

●著者略歴

後藤　伸（ごとう・しん）：Ⅰ章1節、Ⅱ～Ⅳ章

1929年、和歌山県生まれ。和歌山大学教育学部卒。中学・高校教諭を経て、田辺市文化財審議会委員長、南方熊楠邸保全顕彰会常任委員など歴任。紀伊半島南部の生態系の解明と保全に尽力し、熊楠の膨大な生物標本も整理・復元した。2003年没（享年73歳）。同年、第13回南方熊楠賞特別賞受賞。著書に『虫たちの熊野』（紀伊民報）、『明日なき森』（新評論）など。

玉井済夫（たまい・すみお）：Ⅳ章（後藤伸との共同執筆）

1938年、和歌山県生まれ。東京教育大学理学部大学院修士課程修了。高校教諭を経て、現在、熊野の森ネットワークいちいがしの会副会長、田辺市文化財審議会委員、公益財団法人天神崎の自然を大切にする会理事など兼任。両生類、は虫類の研究を続けながら、大塔山系、神島、天神崎の調査・保全に尽力。

中瀬喜陽（なかせ・ひさはる）：Ⅰ章2、3節

1933年、和歌山県生まれ。東洋大学文学部卒業。高校教諭を経て、現在、田辺市文化財審議会委員長、南方熊楠顕彰館館長。著書に『覚書 南方熊楠』（八坂書房）、『南方熊楠独白――熊楠自身の語る年代記』（河出書房新社）、『南方熊楠書簡――盟友毛利清雅へ』（編、日本エディタースクール出版部）など。

●コラム執筆協力：山本佳範（和歌山県立和歌山盲学校元教諭）、前田亥津二（日本野鳥の会和歌山県支部元幹事）

●写真・資料提供：有本智、紀伊民報、熊野の森ネットワークいちいがしの会、雑賀桂、竹中清、田中正彦、前田亥津二、政井孝道、南方熊楠顕彰館、山本佳範、吉田元重（クレジットのない写真はすべて後藤伸提供）

●編集協力：雑賀桂

熊楠《くまぐす》の森――神島《かしま》

2011年2月25日　第1刷発行

著　者　後藤　伸
玉井済夫
中瀬喜陽

発行所　社団法人　農山漁村文化協会
〒107-8668　東京都港区赤坂7丁目6-1
電話　03（3585）1141（営業）　03（3585）1145（編集）
FAX　03（3585）3668　振替　00120-3-144478
URL　http://www.ruralnet.or.jp/

ISBN 978-4-540-10164-9
〈検印廃止〉

Printed in Japan
乱丁・落丁本はお取り替えいたします。

DTP／ふきの編集事務所
印刷／（株）東京印書館
製本／笠原製本（株）
定価はカバーに表示

聞き書き 紀州備長炭に生きる
―ウバメガシの森から

語り・阪本保喜／聞き書き・かくまつとむ　1762円＋税

山を転々としながら家族と炭焼き小屋で暮らした最後の世代から、紀州備長炭のすべてを克明に聞き書き。備長炭の技術書であると同時に、山に暮らした人びとの民俗誌でもある。

昭和林業私史
―わが棲みあとを訪ねて

宇江敏勝著　1314円＋税

大戦前後から昭和五十年まで、炭焼き・造林労働者として過ごした紀州の地を再訪。その生活の足跡が昭和林業の盛衰、世相の推移、野生動物や自然との交歓を鮮やかに映し出す。

越後三面山人記
―マタギの自然観に習う

田口洋美著　1857円＋税

マタギ集落に住みつき、山に生かされた人びとの農耕、採集、狩猟が織りなす四季の生活を聞き書き。「山のことは山に習え」。厳しくも清廉な山人の知恵と心象を描いた異色ルポ。

野山の名人秘伝帳
―ウナギ漁、自然薯掘りから、野鍛冶、石臼作りまで

かくまつとむ著　1900円＋税

モクズガニ、山菜、キノコ、松煙墨……。四季折々の自然の恵みを生かしきる農山漁村の暮らし。生業のなかの野趣あふれる楽しみと、伝承の知恵と技の数々を図版とともに紹介。

実践の民俗学
―現代日本の中山間地域問題と「農村伝承」

山下裕作著　3800円＋税

柳田国男以降の日本民俗学の蓄積と課題を整理し、農村における「伝承」を手がかりにして、現代の農業・農村が抱える諸問題を解決する具体的・実践的な手だてを提示した労作。

共同体の基礎理論
―自然と人間の基層から

内山節著　2600円＋税

近代的市民社会への行き詰まり感が強まるなかで、新しい未来社会を展望するよりどころとして、自然信仰や民衆の死生観も含め、むら社会の古層から共同体をとらえ直す。

日本的自然観の方法
―今西生態学の意味するもの

丹羽文夫著　1667円＋税

〈即自としての自然〉を見据えた今西錦司の生態学理論を、自然哲学、主体性、進化論、種社会、方法論などのキー概念ごとに検証。〈関係の学〉としての生物学を構想する労作。

システムとしての〈森―川―海〉
―魚付林の視点から

長崎福三著　1857円＋税

森が病めば海も病む。漁民による植樹活動など近年見直されてきた海と森の結びつきを実証的に解明し、流域住民が森・川・海を一体のものとして管理・利用する方法を提言する。